第一推动丛书: 综合系列
The Polytechnique Series

数学的意义
Meaning in Mathematics

[英] 约翰·查尔顿·波金霍尔 编　王文浩 译
John Charlton Polkinghorne

CTS K 湖南科学技术出版社

THE
FIRST
MOVER

总序

《第一推动丛书》编委会

科学，特别是自然科学，最重要的目标之一，就是追寻科学本身的原动力，或曰追寻其第一推动。同时，科学的这种追求精神本身，又成为社会发展和人类进步的一种最基本的推动。

科学总是寻求发现和了解客观世界的新现象，研究和掌握新规律，总是在不懈地追求真理。科学是认真的、严谨的、实事求是的，同时，科学又是创造的。科学的最基本态度之一就是疑问，科学的最基本精神之一就是批判。

的确，科学活动，特别是自然科学活动，比起其他的人类活动来，其最基本特征就是不断进步。哪怕在其他方面倒退的时候，科学却总是进步着，即使是缓慢而艰难的进步。这表明，自然科学活动中包含着人类的最进步因素。

正是在这个意义上，科学堪称为人类进步的“第一推动”。

科学教育，特别是自然科学的教育，是提高人们素质的重要因素，是现代教育的一个核心。科学教育不仅使人获得生活和工作所需的知识和技能，更重要的是使人获得科学思想、科学精神、科学态度以及科学方法的熏陶和培养，使人获得非生物本能的智慧，获得非与生俱来的灵魂。可以这样说，没有科学的“教育”，只是培养信仰，而不是教育。没有受过科学教育的人，只能称为受过训练，而非受过教育。

正是在这个意义上，科学堪称为使人进化为现代人的“第一推动”。

近百年来，无数仁人志士意识到，强国富民再造中国离不开科学技术，他们为摆脱愚昧与无知做了艰苦卓绝的奋斗。中国的科学先贤们代代相传，不遗余力地为中国的进步献身于科学启蒙运动，以图完成国人的强国梦。然而可以说，这个目标远未达到。今日的中国需要新的科学启蒙，需要现代科学教育。只有全社会的人具备较高的科学素质，以科学的精神和思想、科学的态度和方法作为探讨和解决各类问题的共同基础和出发点，社会才能更好地向前发展和进步。因此，中国的进步离不开科学，是毋庸置疑的。

正是在这个意义上，似乎可以说，科学已被公认是中国进步所必不可少的推动。

然而，这并不意味着，科学的精神也同样地被公认和接受。虽然，科学已渗透到社会的各个领域和层面，科学的价值和地位也更高了，但是，毋庸讳言，在一定的范围内或某些特定时候，人们只是承认“科学是有用的”，只停留在对科学所带来的结果的接受和承认，而不是对科学的原动力——科学的精神的接受和承认。此种现象的存在也是不能忽视的。

科学的精神之一，是它自身就是自身的“第一推动”。也就是说，科学活动在原则上不隶属于服务于神学，不隶属于服务于儒学，科学活动在原则上也不隶属于服务于任何哲学。科学是超越宗教差别的，超越民族差别的，超越党派差别的，超越文化和地域差别的，科学是普适的、独立的，它自身就是自身的主宰。

湖南科学技术出版社精选了一批关于科学思想和科学精神的世界名著，请有关学者译成中文出版，其目的就是为了传播科学精神和科学思想，特别是自然科学的精神和思想，从而起到倡导科学精神，推动科技发展，对全民进行新的科学启蒙和科学教育的作用，为中国的进步做一点推动。丛书定名为“第一推动”，当然并非说其中每一册都是第一推动，但是可以肯定，蕴含在每一册中的科学的内容、观点、思想和精神，都会使你或多或少地更接近第一推动，或多或少地发现自身如何成为自身的主宰。

出版30年序
苹果与利剑

龚曙光

2022年10月12日

从上次为这套丛书作序到今天，正好五年。

这五年，世界过得艰难而悲催！先是新冠病毒肆虐，后是俄乌冲突爆发，再是核战阴云笼罩……几乎猝不及防，人类沦陷在了接踵而至的灾难中。一方面，面对疫情人们寄望科学救助，结果是呼而未应；一方面，面对战争人们反对科技赋能，结果是拒而不止。科技像一柄利剑，以其造福与为祸的双刃，深深地刺伤了人们安宁平静的生活，以及对于人类文明的信心。

在此时点，我们再谈科学，再谈科普，心情难免忧郁而且纠结。尽管科学伦理是个古老问题，但当她不再是一个学术命题，而是一个生存难题时，我的确做不到无动于衷，漠然置之。欣赏科普的极端智慧和极致想象，如同欣赏那些伟大的思想和不朽的艺术，都需要一种相对安妥宁静的心境。相比于五年前，这种心境无疑已时过境迁。

然而，除了执拗地相信科学能拯救科学并且拯救人类，我们还能有其他的选择吗？我当然知道，科技从来都是一把双刃剑，但我相信，科普却永远是无害的，她就像一只坠落的苹果，一面是极端的智慧，一面是极致的想象。

我很怀念五年前作序时的心情，那是一种对科学的纯净信仰，对科普的纯粹审美。我愿意将这篇序言附录于后，以此纪念这套丛书出版发行的黄金岁月，以此呼唤科学技术和平发展的黄金时代。

出版25年序
一个坠落苹果的两面：极端智慧与极致想象

龚曙光

2017年9月8日凌晨于抱朴庐

连我们自己也很惊讶，《第一推动丛书》已经出了25年。

或许，因为全神贯注于每一本书的编辑和出版细节，反倒忽视了这套丛书的出版历程，忽视了自己头上的黑发渐染霜雪，忽视了团队编辑的老退新替，忽视了好些早年的读者已经成长为多个领域的栋梁。

对于一套丛书的出版而言，25年的确是一段不短的历程；对于科学研究的进程而言，四分之一个世纪更是一部跨越式的历史。古人"洞中方七日，世上已千秋"的时间感，用来形容人类科学探求的日新月异，倒也恰当和准确。回头看看我们逐年出版的这些科普著作，许多当年的假设已经被证实，也有一些结论被证伪；许多当年的理论已经被孵化，也有一些发明被淘汰……

无论这些著作阐释的学科和学说属于以上所说的哪种状况，都本质地呈现了科学探索的旨趣与真相：科学永远是一个求真的过程，所谓的真理，都只是这一过程中的阶段性成果。论证被想象讪笑，结论被假设挑衅，人类以其最优越的物种秉赋——智慧，让锐利无比的理性之刃，和绚烂无比的想象之花相克相生，相否相成。在形形色色的生活中，似乎没有哪一个领域如同科学探索一样，既是一次次伟大的理性历险，又是一次次极致的感性审美。科学家们穷其毕生所奉献的，不仅仅是我们无法发现的科学结论，还是我们无法展开的绚丽想象。在我们难以感知的极小与极大世界中，没有他们记历这些伟大历险和极致审美的科普著作，我们不但永远无法洞悉我们赖以生存的世界的各种奥秘，无法领略我们难以抵达世界的各种美丽，更无法认知人类在找到真理和遭遇美景时的心路历程。在这个意义上，科普是人类极端智慧和极致审美的结晶，是物种独有的精神文本，是人类任何其他创造——神学、哲学、文学和艺术都无法替代的文明载体。

在神学家给出“我是谁”的结论后，整个人类，不仅仅是科学家，也包括庸常生活中的我们，都企图突破宗教教义的铁窗，自由探求世界的本质。于是，时间、物质和本源，成为了人类共同的终极探寻之地，成为了人类突破慵懒、挣脱琐碎、拒绝因袭的历险之旅。这一旅程中，引领着我们艰难而快乐前行的，是那一代又一代最伟大的科学家。他们是极端的智者和极致的幻想家，是真理的先知和审美的天使。

我曾有幸采访《时间简史》的作者史蒂芬·霍金，他痛苦地斜躺在轮椅上，用特制的语音器和我交谈。聆听着由他按击出的极其单调的金属般的音符，我确信，那个只留下萎缩的躯干和游丝一般生命气息的智者就是先知，就是上帝遣派给人类的孤独使者。倘若不是亲眼所见，你根本无法相信，那些深奥到极致而又浅白到极致，简练到极致而又美丽到极致的天书，竟是他蜷缩在轮椅上，用唯一能够动弹的手指，一个语音一个语音按击出来的。如果不是为了引导人类，你想象不出他人生此行还能有其他的目的。

无怪《时间简史》如此畅销！自出版始，每年都在中文图书的畅销榜上。其实何止《时间简史》，霍金的其他著作，《第一推动丛书》所遴选的其他作者的著作，25年来都在热销。据此我们相信，这些著作不仅属于某一代人，甚至不仅属于20世纪。只要人类仍在为时间、物质乃至本源的命题所困扰，只要人类仍在为求真与审美的本能所驱动，丛书中的著作便是永不过时的启蒙读本，永不熄灭的引领之光。

虽然著作中的某些假说会被否定，某些理论会被超越，但科学家们探求真理的精神，思考宇宙的智慧，感悟时空的审美，必将与日月同辉，成为人类进化中永不腐朽的历史界碑。

因而在25年这一时间节点上，我们合集再版这套丛书，便不只是为了纪念出版行为本身，更多的则是为了彰显这些著作的不朽，为了向新的时代和新的读者告白：21世纪不仅需要科学的功利，还需要科学的审美。

当然，我们深知，并非所有的发现都为人类带来福祉，并非所有的创造都为世界带来安宁。在科学仍在为政治集团和经济集团所利用,甚至垄断的时代，初衷与结果悖反、无辜与有罪并存的科学公案屡见不鲜。对于科学可能带来的负能量，只能由了解科技的公民用群体的意愿抑制和抵消：选择推进人类进化的科学方向，选择造福人类生存的科学发现，是每个现代公民对自己，也是对物种应当肩负的一份责任、应该表达的一种诉求！在这一理解上，我们不但将科普阅读视为一种个人爱好，而且视为一种公共使命！

牛顿站在苹果树下，在苹果坠落的那一刹那，他的顿悟一定不只包含了对于地心引力的推断，也包含了对于苹果与地球、地球与行星、行星与未知宇宙奇妙关系的想象。我相信，那不仅仅是一次枯燥之极的理性推演，也是一次瑰丽之极的感性审美……

如果说，求真与审美是这套丛书难以评估的价值，那么，极端的智慧与极致的想象，就是这套丛书无法穷尽的魅力！

各篇文章作者简介

约翰·查尔顿·波金霍尔[1]（John Charlton Polkinghorne），英国高等爵士（KBE[2]），英国皇家学会院士，剑桥大学皇后学院前院长，2002年度邓普顿奖（Templeton Prize）获得者，20多年来一直是科学与宗教对话方面的领袖级人物。1979年，他辞去了剑桥大学数学物理教授的职务，开始了后半生新的宗教生涯，并于1982年被任命为英格兰教会的牧师。作为英国皇家学会的院士，1997年他被女王伊丽莎白二世封为爵士。他在理论粒子物理学方面的著作甚丰，代表作有《量子力学：简明导论》(2002)。除此之外，他还主编或共同主编过4本书，并与迈克尔·韦尔克（Michael Welker）合著了《对永生的神的信仰：对话集》(2001)。在科学与神学的交叉领域，他先后写过19本书，其中包括《科学时代的上帝信仰》（1998年出版，是他在耶鲁大学特瑞讲席演讲的汇编），《科学与技术》(1998)，《信仰、科学与理解》(2000)，《真理的传递：技术与科学之间的交流》(2001)，《希望之神与世界末日》(2002)，《与希望同在》(2003)，《科学与三位一体：基督教如何面对实在》(2004)，《探索实在：科学与宗教的共赢》

1. 又译波尔金霍恩，珀金霍恩。—— 译注
2. KBE是Knight Commander of the Most Excellent Order of the British Empire的缩写，英国高级骑士勋位英帝国勋位的一种爵士。—— 译注

(2005),《量子力学与技术：出人意表的亲缘关系》(2007),《从物理学家到牧师》(2007),《科学语境下的技术》(2008),以及与尼古拉斯·比尔合著的《真理之问：有关上帝、科学和信仰等问题的51个回答》(2008)等。

迈克尔·德特勒夫森(Michael Detlefsen),巴黎圣母院大学麦克马洪–汉克哲学讲席教授，巴黎第七大学–狄德罗大学和南锡第二大学特聘客座教授。自2007年以来，一直担任法国国家研究机构（ANR[1]）的资深主席。主要学术兴趣在数学和逻辑学的历史研究和哲学研究。目前正在进行的工作包括与蒂莫西·麦卡锡（Timothy McCarthy）合写一本有关哥德尔不完备定理的书，另外几项工作涉及数学证明的理想。

马库斯·杜·索托伊（Marcus du Sautoy),牛津大学数学教授和“科学的公众理解”西蒙尼讲席教授，新学院院士。他的学术领域主要涉及群论和数论。他在普及数学知识方面非常著名。获得过2001年度伦敦数学会颁发的贝维克奖（Berwick Prize）和2009年度英国皇家学会的法拉第奖（Faraday Prize）。他是英国广播公司（BBC）多部电视专题片和广播系列节目的主讲者，先后出版了3本科普读物：《素数的音乐》(2003)[2]，《发现空想：数学家的对称之旅》(2007)和《数字之谜：日常生活中数学奥德赛》(2010)[3]。

蒂莫西·高尔斯（Timothy Gowers),英国皇家学会院士，剑桥大

1. ANR是法语l'Agence Nationale de la Recherche（The French National Research Agency）的缩写。—— 译注
2. 有中译本，《素数的音乐》，孙维昆译，湖南科学技术出版社，2007年第1版。—— 译注
3. 有中译本，《神奇的数学》，程玺译，人民邮电出版社，2013年第1版。—— 译注

学罗斯·鲍尔（Rouse Ball）数学讲席教授，剑桥三一学院院士。1998年因在泛函分析与组合学领域的突出成就荣获菲尔兹奖。在此之前，他还荣获过伦敦数学学会颁发的小怀特海奖（Junior Whitehead Prize）和欧洲数学学会奖。他出版的书有：《数学：简明导论》(2002)和《普林斯顿数学手册》(2008)(主编)。2009年，他推出了“博学项目”（Polymath Project），采用博客的评论功能来进行数学协作研究。

玛丽·伦（Mary Leng），英国利物浦大学哲学讲师。她的研究重点是数学哲学，特别是数学在实证科学中应用产生的问题。玛丽·伦博士现为美国加州大学欧文分校的逻辑与科学哲学客座研究员，此前她先后获得过多伦多大学人文学科的博士后奖学金、剑桥大学圣约翰学院的研究奖学金（为期4年），以及担任加拿大英属哥伦比亚大学彼得·沃尔（Peter Wall）高等研究院的访问学者。2007年，她与亚历山大·帕赛和迈克尔·波特（Alexander Paseau and Michael Potter）合编了《数学知识》，2010年，她出版了《数学与实在》一书。这两本书均由牛津大学出版社出版。

彼得·利普顿（Peter Lipton, 1954—2007），剑桥大学汉斯·劳辛（Hans Rausing）讲席教授和科学史与科学哲学系主任。他是剑桥大学国王学院的研究员。尽管他的大部分研究都是关于科学的论述和推理，但他的兴趣广泛延伸到诸多哲学领域。他曾以医学科学院研究员的身份担任了《科学史和科学哲学研究》杂志的顾问编辑，主编了《理论、证据与解释》（1995），主编和合作主编了《科学史和科学哲学研究》的3期特刊。他是《最佳解释推理》一书的作者（1991年第一版，2004年再版）。

罗杰·彭罗斯（Roger Penrose），功绩勋章获得者（OM[1]），英国皇家学会院士，牛津大学罗斯·鲍尔（Rouse Ball）数学讲席终生荣誉教授，牛津大学沃德姆（Wadham）学院荣誉研究员。他在数学物理，特别是在广义相对论、量子理论基础和宇宙学等方面的原创性、宽厚的基础性工作而广受赞誉。他还著书探讨基础物理学与人类意识之间的联系。作为皇家学会院士，美国国家科学院外籍院士和欧洲科学院院士，彭罗斯教授于1994年被女王伊丽莎白二世授以爵位以表彰他在科学上的贡献，并于2000年荣获英国功绩勋章。他先后写了（包括与人合著）10本书，包括《皇帝新脑》(1989)[2]，本书获1990年度科学图书奖；《心灵之影：探索鲜为人知的意识科学》（1994）；《大的，小的和人的心灵》（1997）。除了论述意识问题的书之外，他还为更广泛的普通读者写过其他一些书，包括与斯蒂芬·霍金合著的《时空本性》（1996）[3]；《通向实在之路：宇宙法则完全指南》（2004）[4] 和《时间的轮回：一种异乎寻常的新宇宙观》（2010）等。

吉迪恩·罗森（Gideon A. Rosen），普林斯顿大学斯图亚特哲学讲席教授，人文学院院长。研究方向为形而上学、认识论、数学哲学和道德哲学。他是新西兰奥克兰大学的客座教授，并拿到梅隆基金会设在纽约大学法学院的新方向研究基金，出任全球行政法项目的Hauser研究员。罗森教授（与约翰·P. 伯吉斯）合著了《没对象的学科：唯名论数学的解释战略》（1997）一书，该书由牛津大学出版社出版。

---

1. OM是Order of Merit（功绩勋位）的缩写，英国高级骑士勋位之一。这种功绩勋章由爱德华七世于1902年设立，用于表彰英联邦健在的24名在国防、科学、艺术和文化领域做出杰出贡献的人士和1名外国人士。—— 译注
2. 有中译本，《皇帝新脑》，许明贤，吴忠超译，湖南科学技术出版社，1996年第1版。—— 译注
3. 有中译本，《时空本性》，杜欣欣，吴忠超译，湖南科学技术出版社，1996年第1版。—— 译注
4. 有中译本，《通向实在之路》，王文浩译，湖南科学技术出版社，2008年第1版。—— 译注

斯图尔特·夏皮罗（Stewart D. Shapiro），美国俄亥俄州立大学奥当奈（O'Donnell）哲学讲席教授，圣安德鲁斯大学教授级研究员。他的研究和写作主要集中在数学哲学、逻辑、逻辑哲学和语言哲学等方面。他先后取得过多种人文研究资助和美国学术协会的资助，他还荣获过俄亥俄州立大学的学术成就奖和俄亥俄州立大学杰出学者奖。夏皮罗教授曾是《符号逻辑杂志》的编辑，主编过5期特刊和3本著作，其中包括《牛津逻辑和数学哲学手册》（2005）。他还在牛津大学出版社出版了4本著作：《无基础主义的基础：以二阶逻辑为例》（1991年初版，2000年再版）；《数学哲学：结构和本体论》（1997年初版，2000年再版）；《对数学的思考：数学哲学》（2000）[1] 和《含糊的语境》（2006）。他还为牛津大学出版社编写了《哲学家的逻辑》（暂定名）新教科书。

马克·施泰纳（Mark Steiner），耶路撒冷希伯来大学哲学系教授。他的研究领域是科学哲学，但更关注数学哲学。他的研究包括对维特根斯坦（Ludwig Wittgenstein）的数学哲学的评述。出版的著作有：《数学知识》（1975）和《作为一个哲学问题的数学适用性》（1998）。他将鲁文·阿古什维兹（Reuven Agushewitz，一位立陶宛出生的犹太法典《塔木德经》学者）用意第绪语写的*Emune un Apikorses*（1948年版，这本书攻击了历史上各种形式的哲学唯物主义）翻译成英文，取名为《信仰和异端邪说》（2006）。现在他正在将休谟的《人性论》由英文译成希伯来文。

---

1. 有中译本，《数学哲学：对数学的思考》，郝兆宽，杨睿之译，复旦大学出版社，2009年第1版。——译注

引言

约翰·波金霍尔

数学到底是一种由行家施展身手来表演如何化解难题的高度复杂的智力游戏，还是数学家在探索数学实在这一独立领域过程中所带来的发现？为什么这个看似抽象的学科能够提供打开物理宇宙深层秘密的钥匙？如何回答这些问题将明显影响着我们对实在的形而上的思考。在冈道尔夫堡和剑桥召开的两次跨学科专题讨论会上，数学家、物理学家和哲学家们对这些问题进行了探讨。本书以周详的形式再现了每位与会者在会议热烈讨论中所展现的风采。文章尽力保持这样一种平衡：既反映进行这种讨论所需的思想精确性，又照顾到准备在此领域做出一番事业的非专业读者的可读性。

剑桥大学科学哲学教授彼得·利普顿参加了第一次会议，并有精彩发言。但不幸的是，这之后他溘然长逝，对此我们感到非常难过。所有与会者有一个共同心愿：将本书作为我们对这位尊敬的学者和谦和、富于启迪的同事的美好追忆。

本书的前两章由数学家蒂莫西·高尔斯和马库斯·杜·索托伊撰写。他们能够充分利用长期从事数学研究的丰富经验来阐述问题。高尔斯特别重视“发明”和“发现”这两个词是如何被数学界实际运用的。他的结论是，当导致重要结论的论证基本上只有唯一一条途径时，用“发现”来说明似乎是恰当的。而如果存在多条清晰的论证途径时，则人们更愿意用“发明”一词来形容。杜·索托伊描述了在洞察一个事件时灵感闪现的情形，这是这样一种经验：可以确信，有待识别的东西早就“已经在”那儿等待被发现了。

接下来的两章由数学物理学家约翰·波金霍尔和罗杰·彭罗斯撰写。波金霍尔旨在通过对哥德尔不完全性和人类数学能力进化的论述来捍卫数学实在。两位物理学家都非常看重数学在他们做出发现过程中所扮演的角色。彭罗斯认为，哥德尔不完全性意味着有意识的思想要远比神经网络计算来得复杂。

其余章节由哲学家执笔。彼得·利普顿撰写的一章以短文呈现，以彰显他对第一次研讨会做出的贡献。这篇文章讨论了知识、理解和解释等概念，强调了他认为这些概念在科学和数学之间应用的差异。斯图尔特·夏皮罗帮忙为本文提供了一个附录，说明本次讨论的一些方法可能会得到进一步扩展。玛丽·伦对那种发现的感觉——许多数学家论证认为必然由此导致柏拉图的数学实在的观点——持否定态度。相反，她认为，这种感觉可以理解为出自逻辑上的必然性。迈克尔·德特勒夫森则对古代和现代围绕发明或发现的争论进行了广泛的调查。他对哥德尔著名的数学“知觉”与感性知觉之间的类比给予了谨慎的批评。斯图尔特·夏皮罗认为，数学是一种人类活动，其传统源自人类的选择。在他看来，关键概念是“认知律令”。这个概念用来说明不同的人做同样的计算所取得的结果应有必然的一致性这一现象。他认为这一观点鼓励人们从发现的角度去看问题。吉迪恩·罗森探讨了这样一种观念：数学的地位相当于他所谓的“有条件的实在论”。他将这一判断描述成对数学作为“形而上学上第二等”的一种裁决，因为它依赖于更基本的逻辑事实。最后，马克·施泰纳将我们领向笛卡儿而不是柏拉图。他强调，数学似乎能够提供某种“剩余价值”，允许数学家超越公理（数学家自己则将这种超越称为“深入”的品质）。

本项研讨会的一个特点是讨论氛围的活泛和透彻。与会者希望本书能将这种气质传递给读者，因此我们对每篇文章都附上一篇由其他与会者撰写的短评。我们相信，这些评论是正文报告的一个重要组成部分，它反映了研讨会带来的启发性和挑战性。

研讨会的两次会议均得到了约翰·邓普顿基金会（John Templeton Foundation）的支持。所有与会者对这一慷慨资助表示由衷的感激。我们特别要感谢基金会的玛丽·安·迈尔斯博士，她在组织协调方面提供了大力帮助，并对会议议题表现出浓厚兴趣。

目录

第1章 数学是一种发现还是一种发明？

蒂莫西·高尔斯

3

本章标题是一个著名的问题。事实上，也许这个问题有点过于出名了：不断有人提出这个问题，但怎么作答都不能令人满意。在形成本书的讨论中，大家推举我来回答这个问题。由于大多数参与讨论的都不是研究数学的专家，因此希望我能从数学家的角度来处理这个问题。

提出这个问题的一个原因似乎是人们希望用它来支持自己的哲学观点。如果数学是一种发现的话，那便意味着原本就有某种东西在那里等待数学家去发现，这种认识似乎支持了柏拉图主义的数学观点；而如果数学是一种发明的话，那么它则为非实在论关于数学对象和数学真理的观点提供了某种论据。

但在得出这样一个结论之前，我们需要从细节上充实论据。首先，当我们说数学的某项内容被发现时，我们必须十分清楚这指的是什么，然后我们必须在这个意义上解释清楚为什么能够得出这一结论（这套程式被称为柏拉图式论证）。我自己并不认为这套做法能够贯彻到底，但它至少从一开始就试图阐明这样一个不争的事实：几乎所有数学家在成功证明某个定理时都会感到好像他们有某种发现。我们可以用非哲学的方式来看待这个问题，这里我正是尝试这么做的。例如，我会考虑是否存在某种可识别的东西，以便鉴别哪些东西看上去像是数学发现，哪些更像是数学发明。这个问题部分属于心理学范畴的问题，部分属于是否存在数学陈述的客观性的问题，即属于解释某个数学陈述是如何被感知的问题。要想论证柏拉图的观点成立，我们只需要指明存在某些被发现的数学事实就足矣：如果事实证明，存在两大类数学，那么我们或许就能够理解这种区别，对何为数学发现（而不是单纯的数学结果）做出更精确的定义。

从词源上说，所谓“发现”通常是指当我们找到了某个早已在那儿但我们此前不知道的东西。例如，哥伦布对美洲的发现（尽管人们出于其他原因对此大可质疑），霍华德·卡特于1922年发现了图坦卡蒙的墓，等等。尽管所有这些发现并非我们直接观察到的，但我们依然能够这样说。例如我们都知道是J. J. 汤姆孙发现了电子。与数学关联更强的是如下事实的发现——例如我们可以确切地说，是伯恩斯坦和伍德沃德发现（或对这一发现有贡献）了尼克松与水门入室盗窃案有关。 4

在所有这些情形里，我们都观察到一些引起我们注意的现象或事实。因此有人可能会问，我们是否可以将“发现”定义为从未知到已知的转变过程。但有不少事例表明，事实并非如此。举例来说，喜欢做填字游戏的人都知道这样一个有趣的事实，单词“carthorse(大马)”和“orchestra（乐队）”属于一对字母换位词。我相信肯定是某个地方的某个人最先注意到这个事实，但我宁愿将它称为“观察”（我用“注意到”这个词来描述这一事实）而不是“发现”。为什么呢？这是因为“carthorse”和“orchestra”这两个词我们每天都用，它们之间是一种简单关系。但是为什么熟悉的单词间关系我们不能称之为发现呢？另一种可能的解释是，一旦这种关系被指明，我们很容易验证它的成立，我们没必要从美国跑到埃及去宣讲这一事实，也没必要通过做精密的科学实验予以验证，或设法获取某个秘密文件才能知晓。

至于谈到柏拉图式论证的证据，“发现”和“观察”的区别不是特别重要。如果你注意到某个事实，那么这个事实一定在你注意到它之前已经在那里了，同样，如果你发现了某个事实，那一定是在你发现之前它就存在了。因此我认为，观察事实属于某种发现而不是一种根本不同的现象。

那什么是发明呢？我们做的什么样的事情属于发明呢？机器是一个很好的例子：谈到蒸汽机，或飞机，或移动电话，我们说这些是发明。我们还认为游戏属于发明，例如英国人发明了板球。我更想指出的是，“发明”是以适当的方式来描述所发生的事。艺术为我们提供了这方面的一些更有趣的例子。人们从来不会说某个艺术品是被发明出来的，但会说发明了某种艺术风格或技巧。例如，毕加索不是发明了《阿维尼翁的少女》（*Les Desmoiselles d'Avignon*），但确实是他和布拉克发明了立体派绘画艺术。

从这些例子我们得出一种共识，我们发明的东西往往不是单个对象，而是生产某类对象的一般方法。当我们说到蒸汽机的发明时，我们不是在谈论某台特定的蒸汽机，而是一种概念——一种将蒸汽、活塞等东西巧妙地结合起来用以驱动机器的设计，它能够导致许多蒸汽机的建造。同样，板球是一套规则，它可以带来各种形式的板球运动，立体派则是一种对各种立体派绘画的一般性指称。

有人将数学发现这一事实看作柏拉图学派数学观的证据，其实他们试图表明的是，某些抽象实体具有独立存在的属性。我们认可体现这些抽象实体真实性的某些事实，与我们接受具体事物真实性的某些事实有大致相同的原因。例如，我们认为存在无穷多个素数这一陈述就是一种真实的事实，这是因为的确存在无限多的自然数，并可确信，这些自然数中确实存在无限多个素数。

有人也许认为，抽象概念是一种独立存在这一点也可以作为"数学是一种发明"这一观念的证据。确实，我们有关发明的很多例子都以某种重要方式与抽象概念相关联。前述"蒸汽机"便是这样的一个抽象概念，板球规则也是如此。绘画中的立体派是一个比较麻烦的例子，因为它没有那么精确的定义，但它无疑是具体的而不是抽象的。但我们发明这些概念时为什么不说这些抽象概念是一种存在呢？

一个原因是，我们认为独立存在的抽象概念应该是永恒的。因此，在英国人发明板球规则时，尽管这些规则属于抽象领域并成为一种存在，但我们不倾向于认为它们是永恒的。更诱人的一种观点是，他们是从巨大的"规则空间"里选择了板球规则，这个规则空间包含了所有可能的规则集（其中大部分规则会引起可怕的游戏）。这种观点的缺陷是，它用大量垃圾概念充斥了抽象领域，但实际情形也许真的是这样。例如，数空间显然包含所有的实数，但其中除了"可数的"这个子集外，其他的都无法定义。

反对“我们发明抽象概念从而使它变成存在”的另一种论证认为，我们发明的概念不是基本的，它们往往是对其他一些（抽象或具体的）更简单的对象的处理方法。例如，板球规则的描述就涉及包含22名球员、1个球和2个球门的一组概念之间的约束。从本体论的角度看，球员、球和球门显然比约束它们之间相互关系的规定更基本。

前面我提到过，谈到某一件艺术品时我们通常不会用“发明”一词来指称。当然我们也不会说“发现”了它，而是通常用“创造”这个词来指称。大多数人在被问到这个问题时都会认为，“创造”一词在这里其词意接近于“发明”而不是“发现”，正像“观察”一词的词意接近于“发现”而非“发明”。

这是为什么呢？是这样的：在这两种情况下，变得存在的那件东西原本有许多任意性。如果我们可以将时钟拨回到板球被发明出来之前，让世界重新演化一遍，我们很可能会看到发明出一种类似的游戏，但其游戏规则不太可能与板球比赛规则完全相同（有人可能会反驳说，如果物理定律是确定的，那么这个世界应当精确地按照它第一次演化时那样演化。在这种情况下，它重新演化时只会做一些小的随机变化）。同样，如果有人在毕加索刚创作完《阿维尼翁的少女》后便不小心毁坏了它，迫使毕加索不得不重新开始创作，那么他创作的可能是一幅类似但不完全相同的画。与此相反，如果没有哥伦布，那么也会有其他人发现美洲，而不是在大西洋的另一边发现的只是一块巨大的、面积大致相同的陆地。而单词“carthorse”和“orchestra”的有趣性与谁是第一个观察到这一点无关。

有了这些思想上的准备，现在我们回到数学上来。同样，我们先看一些人们常列举的著名例子将有助于我们对问题的理解。我先列举一些发现、观察和发明的事例（我无意设定这样一种场景，好像我可以确定地表示某些数学问题是创造出来的），然后尝试着解释为什么每个事例会是按这种方式来描述。

数学上几个知名的发现方面的例子是：二次方程有通解公式但五次方程则没有类似的公式；存在大魔群；存在无穷多个素数。稍微观察一下即可知，小于100的素数的个数是25；3的各次幂的最后一位数字构成序列3，9，7，1，3，9，7，1，…；数字10 001可分解为73乘以137。水平稍高一点儿的事例则有：如果你通过设$z_0=0$，$z_n=z^2_{n-1}+C$（对每个$n>0$）定义了一个无穷的复数序列z_0，z_1，z_2，…则所有复数C的集合（假定序列不趋于无穷大，这个集称为曼德布罗特集）具有显著的复杂结构（我将这个例子归于中等数学水平是因为，虽然曼德布罗特和其他人几乎是由于偶然而无意中发现了它，但它已经在动力系统理论中具有根本的重要性）。

另一方面，人们常说牛顿和莱布尼茨各自独立地发明了微积分（用这个例子的过程还有点巧合。我原本考虑过这个例子。那天在我写这一段时，恰好电台在播送关于他们的优先权纠纷的节目，用的词就是“发明”）。人们有时也会谈论某些数学理论（而不是定理）的发明。说格罗滕迪克（A. Grothendieck[1]）发明了概型理论（theory of

1. Alexander Grothendieck（1928—），法国数学家，生于德国柏林。他创立的概型理论将代数几何的研究提升到了一个全新的境界，被誉为20世纪代数几何领域最重要的进展之一。1966年荣获菲尔兹奖。——译注

schemes），这听起来一点都不荒谬，虽然人们也可能同样会用“引入”或“发展”来描述这一理论。同样，这三个词也都被用来描述 P. J. 科恩（P. J. Cohen）的力迫法（forcing method），他用这一方法来证明连续统假说的独立性。[1] 这里我们感兴趣的是，“发明”“引入”和“发展”这三个词都暗示了这样一点：某些一般性方法应运而生。

有可能存在争议的一个数学对象是“i”或更一般的复数系统。复数是一种发现还是一种发明？或者说，数学家通常提到复数进入数学领域时用的是“发现”类型的词还是用“发明”类型的词？如果你在Google上输入词组“复数的发明”和“复数的发现”，你会得到大致相同的点击次数（二者均在4500 ~ 5000），所以这个问题似乎没有明确答案。但这也是一个有用的数据。类似的一个例子是非欧几何，虽然“非欧几里得几何的发现”与“非欧几何的发明”的点击次数的比例约为3∶1。

另一种不明确的情形是证明：证明是一种发现还是一种发明？有时候证明似乎很自然——数学家常讲，一个陈述的“（逻辑上）正确的证明（right proof）”并不意味着它是唯一正确的证明（correct proof），而只是表明它是一个能真正解释为什么这一陈述是对的证明——“发现”这个词显而易见可用于这一情形。但有时候人们谈到类似的东西时却感到下面这样的表述更恰当，譬如说，“猜想2.5在1990年首度获得证明，但在2002年，史密斯给出了一个巧妙且非常

---

1. Paul Joseph Cohen（1934 — 2007），美国斯坦福大学数学教授，因提出称为“力迫法”的数学证明方法而闻名。他用这种方法证明了，连续统假说和选择公理都不能用集合论的策梅洛－弗伦克尔（Zermelo–Fraenkel）公理标准来证明。—— 译注

简短的证明，这一证明实际上建立了一种更一般的结果。”在这句话里，人们可以用“发现”来替代“给出（came up with）”一词，但后者更好地刻画了这样一层意思：史密斯的方法只是众多有可能提出的方法中的一种，但史密斯并不是简单地纯属偶然地找到了这种方法。

让我们来小结一下上述观点，看看数学中的哪些部分可以归结为发现、发明或不能明确用二者来描述，并能否给予解释。

非数学的例子表明，当发现者对观察对象或事实不能控制时，我们通常用“发现”和“观察”来描述这一发现过程。而当对象或程式具有许多可由发明者或设计者选择的特性时，那么我们就用“发明”或“创造”来描述这一对象或程式的诞生过程。由此我们也得出了对这两类过程的一些更精细但不那么重要的区别：“发现”往往比“观察”更重要，但较不易事后验证。而“发明”往往比“创造”更具一般性。

当我们谈论数学时，这些区别还会继续保持上述大致相同的形式吗？前面我提到二次方程解的通项公式被发现的例子。当我尝试说“二次方程解的通项公式的发明”这句话时，我发觉我不喜欢这么描述，确切的原因是，ax^2+bx+c的解是数 $\frac{-b\pm\sqrt{b^2-4ac}}{2a}$，无论是谁最先推导出这个公式，但这一公式的最终形式是什么样子是没有任何选择余地的。当然记述公式的符号可能会有不同，但那是另一回事。我不想在此讨论两个公式“本质上相同”是什么意思，这里我只需简单地说，公式本身是一个发现，但不同的人会用不同的方式来表达它。然而当我们来考察其他的例子时，这种担心会再次出现。

五次方程无通解就是另一个简单例子。它是指“五次以及高于五次的常系数代数方程没有由方程系数经有限次四则运算和开方运算确定的求根方法”[1]，对此阿贝尔也无法改变。因此，他的著名定理就是一种发现。然而，他的证明方法的具体细节可以被看作发明，因为后来有了很不相同的证明方法。这其中特别值得指出的是伽罗瓦的与此密切相关的工作，他发明了群论（“群论的发明”这句话在Google上有40 300条，相比之下，“群论的发现”只有10条）。

8

大魔群则是一个更有趣的例子。在费希尔（B. Fischer）和格里斯（R. L. Griess, Jr.）于1973年预言存在这种群后，它第一次进入了数学领域。但这句话意味着什么呢？如果他们根本不能给出具体的大魔群，难道就意味着它不存在吗？答案很简单：他们预言，存在一种具有特定显著特性的群（其中的一个显著特性是它元素巨多，大魔群由此得名[2]），而且这种群是唯一的。因此，说“我相信存在大魔群”只不过是“我相信存在一种具有这些惊人特性的群”这一语句的简短截说，名曰“大魔群”实际上指的是一个假设性的实体。

大魔群的存在性和唯一性的确切证明直到1982年和1990年才分别完成，在此之前我们不是很清楚是否应该把这个数学上的进展称为发现或是发明。如果我们略去其中的故事，将这17年浓缩为一瞬间，那么我们满可以这么说，大魔群一直就在那里，等待着群论数学家来发现。或许有人甚至可以添加一个小细节：早在1973年，人们就开始有理由假设它的存在，并且最终在1982年终于碰上了它。

---

1. 这一表述称为阿贝尔定理。——译注
2. 格里斯更愿意称它为“友善的巨头”。——译注

那么这种“碰上”是怎么发生的呢？格里斯并没有用某种间接的方式证明大魔群必定存在（虽然这样的证明在数学上是可能的），而是构建了这种群。这里我像所有的数学家一样用“构建”这个词。为了构建大魔群，格里斯构建了一个辅助对象——一种现被称为格里斯代数的复杂的代数结构，并且证明了这种代数的对称性构成一种具有所需特性的群。然而，这不是获取大魔群的唯一方式，还存在能够产生具有相同属性的群的其他结构，因此从结果的唯一性来看，它们是同构的。如此看来，格里斯在建立大魔群的过程中有一定的控制权，甚至他最终想做到哪一步也是事先确定的。有趣的是，在Google上“大魔群的构造”这句话比那句“大魔群的发现”更流行（8290：9），但如果你把前一句改为“大魔群的这种构造”，那就变得不流行了（仅6条），这反映了一个事实，即大魔群有许多不同的构造。

有人可能会问的另一个问题是这样的。如果我们谈论大魔群的发现，我们是在谈论一个对象（大魔群）的发现，还是一个事实（即存在一种独特的、具有特定属性的群这一事实）的发现？当然，后一个设问对群理论家实际所做的工作是一个更好的描述，“构造”这个词在描述他们如何证明这一陈述的存在性时要比“发现”更准确。

先前列举的其他一些发现和观察事例表现得更直接，因此不赘述了。我们来看有关发明的例子。

在数学上，直接用“发明”这个词的情况多是指一般理论和技术的产生。这当然也包括微积分，但微积分不是一个对象或一个简单的事实，而是大量事实和方法的集成，如果你熟悉微积分，它将极大地

9

提高你的数学能力。这种情形也包括科恩的力迫法技术。同样，这里也牵涉诸多定理，但我们真正感兴趣的是这一方法在证明集合论的独立表述中所表现出的一般性和普适性。

前面我提到过发明者在他们的发明过程中有一定的控制权。这也适用于这些例子：哪一种数学表述是微积分的一部分，这并没有明确的标准，同样，我们也可以有许多方法来表述力迫法原理（前面我已提到过对科恩"力迫法"原创思想的许多广义化、修改和扩展）。

复数系统又是怎样的一种情形呢？乍一看，这一点都不像一个发明。然而毕竟它被证明是唯一的（满足从 $a+bi$ 到 $a-bi$ 的同构），它是一个对象而不是一种理论或技术。那么为什么人们不时称它为发明，或至少是觉得称它为发现会显得不那么自然呢？

对这个问题我没有成熟的答案。我认为其中的原因在于它带来的困难有点像大魔群——人们可以"构建"不止一种复数方式。构建复数的方法之一是运用类似于历史上复数最初被构建出来的方式（我的数学史知识不是很深厚，所以我不说二者的相似性到底有多接近）。人们简单引入一个新符号，i，并宣布它的性态就像一个真正的数，不仅遵从所有通常的代数规则，并具有额外的属性，$i^2=-1$。由此可以推断出

$$(a+bi)(c+di)=ac+bci+adi+bdi^2=(ac-bd)+(ad+bc)i$$

和许多可用于建立复数理论的其他事实。第二种构建方法（以后再

做介绍，它表明复数系与实数系是一致的）是用一对有序的实数（a，b）来定义复数，并规定这些有序对满足以下给出的加法和乘法规则：

$$(a, b) + (c, d) = (a+c, b+d)$$
$$(a, b)(c, d) = (ac-bd, ad+bc)$$

在建立严格数系的大学课程里，经常使用的是第二种方法。业已证明，这些有序对构成了给定的两种运算下的一个域，最后我们可以说，“从现在开始，我将写成$a+bi$而不是（a，b）”。

我们对复数怀有这种两可心理的另一个原因是，它们不像实数那样给人真实的感觉（这一点从这些数的命名即可细微地反映出来）。我们可以直接将实数与时间、质量、长度、温度等的数量词联系起来（虽然在此我们无须用到实数系的无限精度），就好像它们具有一种被我们观察到的独立的存在属性。但是，我们不能将这种方式运用到复数上。相反，我们进行复数运算时总感觉到有点像在做游戏——如果−1存在平方根，想象一下会发生什么。 10

但是为什么在这种情况下我们还是会说发明了复数呢？原因是这个游戏比我们期望的更有趣，它在数学上已经对实数甚至整数产生了巨大影响。虽然发明i只是一个小小的举动，但游戏已失去控制，我们无法预料后果。[这种情况的另一个例子是著名的康威（Conway）生命游戏。康威设计了一个遵从一些简单规则的游戏，这款游戏与其说是发现不如说是发明更确切。游戏一经开始，他便发现他实际上创造了一个充满意想不到现象的世界。其中的大多数现象在其他人看来明显可以说是发现]。

为什么"非欧几里得几何的发现"要比"非欧几里得几何的发明"更易被接受?这个问题之所以有趣,是因为我们有两种方式来看待这个主题:一个是公理性质的;另一个则具体些。将非欧几何看作重大发现的人们看到的是,不同的公理体系(在这里是平行线假设被替换为这样一种陈述——允许一条直线有几条通过任一给定点的平行线)是相容的。另一方面,我们又可以把非欧几何看作一种模型的构造。公理系统在这种模型里均成立。严格来说,要谈前一种方式我们就需要后一种方式,但如果我们从细节上探索这些公理的后果,并证明了所有有趣的定理均无矛盾,那么这些事实就会成为这种相容性的一种令人印象深刻的证据。可能是因为我们对理论相容性的兴趣大于对具体模型选择的兴趣,再加上这样一个事实——任意两个双曲平面模型等距,所以我们通常才将非欧几何称为发现。然而,欧氏几何让人(错觉地)感到要比双曲几何更"真实",而且没有哪一种双曲几何模型看上去最自然。这两个事实可以用来解释为什么"发明"这个词有时会被用来形容非欧几何。

我的最后一个例子是关于证明的。前面我说过,证明根据其性质既可以称为发现也可以称为发明。当然,能用来指称的绝不是仅有这两个词或短语,人们可能还会用"想到""找到"或"闪现出"等词语来形容。人们往往将证明视为对象而不是过程,侧重于要证明的东西,譬如这样的句子:"经过很长的推导,我们最终证明/建立/显示/表明了……"证明的这种特点再一次表明,当作者没有选择余地时,我们用"发现"来指称一个证明过程;如果可以有多种选择的话,就用

“发明”来指称。人们可能会问，选择从何而来？这本身是一个有趣的问题，这里我仅指出这种选择和任意性的一个来源。证明通常需要我[11]们给出存在特定的数学对象或结构（无论是主要陈述还是一些中间引理），而通常情形下问题中的这些对象或结构远非独一无二的。

在从这些例子得出结论之前，我想简要地讨论一下这个问题的另一个方面。以上我主要是从语言的角度来谈论问题，但正如我在开始时提到的那样，人们在选择用词时还有很强的心理因素在起作用：当一个人在做数学研究时，研究工作有时给人的感觉更像是发现，有时则更像是发明。这两种经验之间的区别是什么？

因为我比其他人更熟悉自己的研究经历，故我讲述一下我自己的经验。在20世纪90年代中期，我开始了一项研究。其实我很早就以这种或那种方式在琢磨这个问题。我在想，我应该能给一个定理一种比已有的两种证明方法更简单的证明。最后我找到了一种证明方法（这里我很自然地使用了这个词），尽管它不是更简单，但它给出了新的重要信息。找到这个证明的过程让人感觉到更像是发现而不是发明，因为当我接近完成这一证明时，论证结构中已包含了许多在证明开始时我甚至没有预料到的要素。此外更为明显的是，有一大堆密切相关的事实可用于一种自洽但尚未被发现的理论。（在这个阶段，它们还不是已被证明的事实，而且不总是准确陈述的事实，唯一明确的就是“有东西”值得研究。）我和其他几个人努力发展了这个理论，终于使得定理已被证明它甚至不像15年前作为猜想那样得到表述。

为什么这种感觉如同发现而不是发明？我们可以再次从它是否

与可控制相联系这一点来理解。当时我没有从一大堆可能性中选择事实的余地，相反，某些陈述是以明显自然的和重要的方式呈现出来的。由于理论还在进一步发展中，因此哪些事实具有核心意义哪些属于边缘性质还不太清楚。而从这个角度看，研究过程又像是一种发明过程。

几年前我有了不同的经验。我找到了一个有关巴拿赫空间理论中一个古老猜想的反例。为此我构建了一个复杂的巴拿赫空间。在此过程中，我的感觉有时候像是在搞发明——我有任意选择的余地，许多其他反例随后被发现；有时候又如同发现——我做的很多工作都是回应问题本身提出的要求，而且感到这样做是很自然的事情。其他人也独立发现了一个非常类似的反例（甚至后续的例子中使用了类似的技术）。所以，这又是一种有待分析的复杂情形，说它复杂原因很简单，我有多大的控制权就是一个复杂的问题。

从所有这些例子中，以及从我们平时貌似自然地对待它们的情形里，我们应该得出什么样的结论呢？首先，很显然，我们最初提出的问题是相当人为的。就是说，开始时认为的所有的数学要不就是发现要不就是发明的想法是荒谬的。但是，即使我们考察了数学某个具体部分的起源，我们还是不会硬性使用“发现”或“发明”这样的语词，我们并不经常这么用。

当然，事情都有各种可能性。有些数学研究给人感觉像是发现，而另一些则更像是发明。到底哪些属于前者哪些属于后者这并不总是容易说清楚，但似乎有一点可用于鉴别：这就是研究过程中的可选择性。这一点，正如我前面所说的，甚至有助于解释为什么有些可疑的情形是值得怀疑的。

如果这是正确的（也许还有待细化），那么我们可以从中得出什么样的哲学结论呢？在开始时我提过，像“数存在吗？”或是“数学陈述之所以正确，是因为它们涉及的对象真的是以我们描述的方式相互联系着吗？”这样的问题，其答案不能从问题本身上寻找，理由是数学问题具有如下的客观特性：对它的解释取决于我们有多大的控制权。举例来说，前面我提到过，存在性陈述的证明可能远非独一无二的，原因很简单，可能有许多对象都具有所需的特性。但这只是一种简单的数学现象。你可以接受我的分析，相信问题中的对象是一种“真实的存在”；也可以将这一陈述看成其存在如同游戏中图标在纸面上移动，或是把对象看作通俗小说。事实上，数学的某些部分是不可预料的，而另一些则不同；有些的解是唯一的，另一些则有多个解；某些证明是显而易见的，而有些则需投入大量的精力。所有这些都取决于我们如何描述数学问题的产生过程，都完全独立于一个人的哲学立场。

13 评蒂莫西·高尔斯的“数学是一种发现还是一种发明？”

吉迪恩·罗森

从某种意义上说，蒂莫西·高尔斯与其说是杰出的数学家，不如说是具有20世纪50年代风格的大众语言哲学家。他在本书的首篇文章——“数学是一种发现还是一种发明？”中，非常仔细地道出了数学家（以及Google数据库中不同程度被提及的芸芸众生）在涉及数学各领域研究时是如何实际运用这些词汇的。高尔斯的结论（大致）是，对于数学家在他从事的工作中难有选择余地的情形，我们倾向于用“发现”来看待这一研究过程；而当手头工作有许多方法可供选择，数学家对他所进行的研究有一定的控制力的时候，我们倾向于用“发明”或是“构建”来形容其研究过程。

高尔斯坚持认为，让他感兴趣的这种区别与一个人在数学形而上学的问题上持什么样的观点无关。

> 你可以接受我的分析，相信问题中的对象是一种“真实的存在”；也可以将这一陈述看成其存在如同游戏中图标在纸面上移动，或是把对象看作通俗小说。事实上，数学的某些部分是不可预料的，而另一些则不同；有些解是唯一的，另一些则有多个解；某些证明是显而易见的，而有些则需投入大量的精力。所有这些都取决于我们如何描述数学问题的产生过程，都完全独立于一个人的哲学立场。

我感到这说的是没错，但它也提出了一个高尔斯没有解决的问题。高尔斯描述了数学家们倾向于说所做出的成绩可归于发现或发明的条件，以及某些成就可能被当作发现而另一些被当作会发明的条件。[14]但我们应该如何认真看待这些语言上和心理上的观察呢？正如哲学家们常常指出的那样，营造一个我们乐于说这说那的氛围是一回事儿，而要确定一种能正确地说这说那的条件则是另一回事儿。因此，我们假定数学家们对一些研究成果划归（譬如说）为发明达成一致，但这是否就意味着，甚至暗示着，这项成果事实上就是发明，还是它不过是一种有可能是错的但被太当回事儿的说话方式？

我相信，这个问题在不同的情况下有不同的答案。正如高尔斯指出的，我们不但谈论很多东西的发明/发现：理论、定理、证明和证明技术等，而且也谈论各种各样的数学对象（数、数系）。我们会说康托尔发明了超限数理论，但我们不太可能说康托尔发明了超限数。我们先重点讨论一下发明/构建这类修辞在数学对象上的应用。在本文里，高尔斯讨论了大魔群的情形。大魔群是一种元素众多的有限群，其存在性和唯一性分别于1982年和1990年被证明。语言学证据表明，数学家们更倾向于说大魔群的“构造”而不是大魔群的“发现”，高尔斯解释了这一点。对大魔群的存在性的证明不是唯一的，我们可以有很多例子来确立其存在性定理，即具有相关性质的群是存在的，尽管（正如所发生的那样）这些例子彼此间同构。但是我们有什么理由要认真对待这种构建的意象呢？在我看来，这是这个短语按字面意义运用时所表现出的一种不可通融的性质：如果一样东西是被发明或构建出来的，那么在它被发明之前，它并不存在；如果它没有被发明，它也不会存在。相反，如果一样东西是被发现的，那么它在被发现之前必须存在（或至少独立于发现的具体细节）。但是，我觉得高尔斯会同意我这样说，在大魔群尚不存在的1982年之前，谈论大魔群的性质就显得很奇怪。如果是这么回事，那么格里斯最初问自己的问题，“大魔群是否存在？”答案应该是显而易见的：“还不存在，但也许有一天会存在。”但事实上没有人会这样来讨论数学对象。因此我倾向于认为，即使高尔斯关于我们在什么情形下倾向于采用发明或构建等词汇来指称数学对象的条件是正确的，在这方面完全从字面上理解这种语言仍将是一个错误。

另一方面，当我们谈论数学理论——尤其是像微积分这样的大的理论框架时，情况则完全不同。如果有人问（譬如说）在1650年之前是否存在一种强有力的代数方法用于计算曲线围成的面积或曲线在某个给定点的切线，或者说是否存在一种深刻的、能够证实这些技术并显示它们之间关系的理论，答案可能是：“还没有，但说不定哪天会有。”此外，如果我们这么说应该也很自然：如果没有人写下这样的理论，那么微积分就不会存在。因此，这种理论似乎与小说、诗歌[15]和哲学论文一样，属于相同的本体论范畴。这样的事情都是抽象的作品：当某个人第一次给予具体的表现方式后，这些抽象的实体才得以存在。在这种情况下，我看不出有什么理由不认真地将发明这一修辞视为对基础形而上学的一种清楚的、字面意义上的解释。

高尔斯不主张这种解释，但我不知道他是否会同意我的如下假设：除非我们准备说，本项发明在其被发明之前不存在，否则我们就应该将数学中的发明（构建、创造等）视为隐喻。我们可以接受高尔斯对条件的解释，在这些条件下，我们倾向于将比喻看作对那些清楚的、形而上的中性真理的解释。[16]

第2章 探索巴别数学图书馆

马库斯·杜·索托伊

我是数学家而不是哲学家。我的工作是证明新的定理，发现我们计数领域中新的真理，创建新的对称性，以及寻找不同数学领域之间的新的联系。

然而我的工作描述中包含了一大堆足以引出一些重要问题的词汇。这些问题包括：数学是什么，它是如何与我们生活的物质世界和精神世界发生联系的，等等。这些语词有“创建”“发现”“证明”和“真理”等，都是些非常动人的语词。每个数学家都会认识到自己在某些时候会考虑，他们刚刚做出的新的数学突破是一种创造还是一种发现。数学是一种客观活动还是一种主观活动？数学对象存在吗？

在我看来，解决这些问题的唯一方法是对我在做数学研究时我所想的东西进行分析。所以，我从我的工作经历中选取一个片段来分析，这有助于我探索其中的一些问题（关于这类发现的更多细节可参见du Sautoy，2009）。

作为数学家，我最自豪的时刻就是构建了一种新的对称元，其子群结构与椭圆曲线模p解的数目计算相关。寻找椭圆曲线的解是数学领域最棘手的问题之一。所谓椭圆曲线，就是满足如$y^2=x^3-x$这样的方程（或更一般地，y的二次方等于x的立方）的曲线。克莱数学研究所提出过一个悬赏100万美元奖金的问题，称为伯奇和斯温纳顿－戴尔猜想（Birch and Swinnerton - Dyer Conjecture），目标就是理解什么情况下这些方程有无穷多个解，其中x和y都是分数。

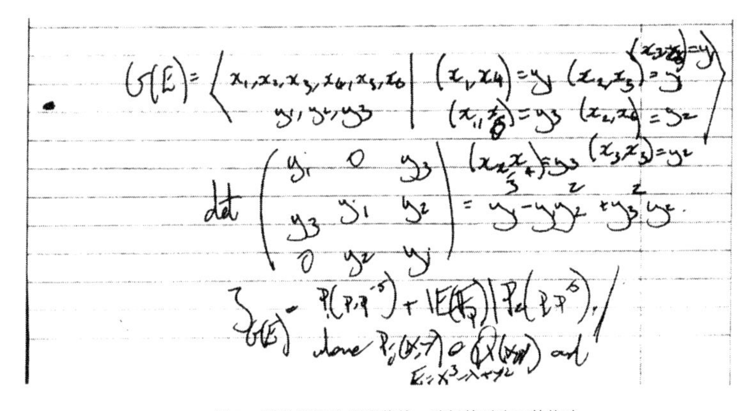

图2.1　我的笔记本里记载的一种新的对称元的构建

我构建了这种对称的对象，其结构可以为方程组求解这样的重要问题进行编码，当时波恩的马克斯·普朗克研究所正在进行这方面的工作。我与德国同事证明了的一个数学定理表明，可能存在这种对称元，但在展现这种联系的对称群被构造出来之前，它都可能只是一种错觉。坐在波恩的办公室里的那个晚上称得上是数学家常讲的关键时刻之一，当时我头脑中突然灵感闪现，我急忙在黄色拍纸簿上写下这些新对象彼此间相互作用的对称性结构。这本拍纸簿便是我进行数学沉思的调色板。[18]

感觉很重要。我花了几天时间来真正证明我的想法。一旦细节凸显出来，这个新对象便显示出对称性世界与此前从未显露的算术几何世界之间的联系。

当然，当我说我构造了这个对称的对象时，我不是从物理上构建了它。它是那种只有生活在数学的抽象世界里的心灵方能感知的对象。我既不同于第一个雕刻出有20个三角形面的正二十面体的人，也不同于第一个发现一种新的铺设方式用对称瓷砖铺满格拉纳达的阿罕布拉宫[1]墙面的摩尔人艺术家。我所发现的对象的物理表示只存在于一些高维空间。即便如此，这些表示也仅仅是对基本对称群的表达。正二十面体（参见本书第191页图）和正十二面体的旋转对称性只是这种称为A_5基本对称群的两个例子。同样，在阿罕布拉宫发现的这两种设计，虽然物理上非常不同，但在基本对称群下是相同的。

正如数字“3”是由含三个对象（3个苹果或是3只袋鼠）的集合的共性抽象而来一样，对称性632的命名是对阿罕布拉宫的这两面墙所具有的对称性的共性的一种抽象。抽象对称群由每一种对称性的名字来描述。当你一个接一个地研究了对称性后，你就知道怎么去解释这些对称性之间的相互作用关系了。

在波恩的那个晚上，我“构建”的就是这样一种抽象对称的对象，[19]其对称性相互作用的结果是产生出一种与椭圆曲线之间有趣的新联系。它肯定不会在现实世界中存在，然而，如果你在数学世界里花上

---

1. 阿罕布拉宫（La Alhambra），位于西班牙格拉纳达市东南的萨比卡山上。整座宫殿具有浓厚的摩尔(Moor)文化特征，是西班牙摩尔艺术的瑰宝，也是世界上最壮观的宫殿建筑之一，已被列为世界文化遗产。—— 译注

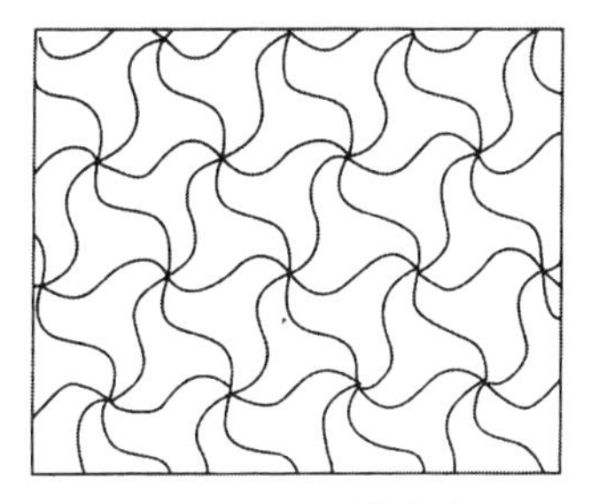

图2.2 阿罕布拉宫（Alhambra）两堵墙上铺设的花纹，这种称为632的对称性属于同一个对称群

足够的时间，你就可以得到一种类似于处理正十二面体或在阿罕布拉宫铺墙那样的实体。

在描述上述情节时我一直小心地避免使用“创造”这个词。我不得不控制自己别写错字。因为构建这个新的对称群确实像一种创造行为。我体验到一种强烈的责任感——我在黄色拍纸簿上写下的文字正在让某件新东西从无到有，而这件东西在我勾勒出它的轮廓之前并不存在。正是通过我的想象才有了这件东西。它需要借助我这个中介才能来到世上。它不是那种没有我的存在也可以自然演化出来的东西。我给了它生命的动力。

许多数学家都谈论过数学的创造力。正是这种创造力吸引我从事数学而不是其他学科的研究。我觉得其他学科的研究更多的是需要观察。我在求学的年龄对音乐很感兴趣。我学习小号，喜欢戏剧，喜欢读书。科学不曾真正抓住过我的想象。但在13岁那年，一次数学课后老师把我留了下来：“我想你会明白真正的数学是什么。数学不是我们在课堂上背的乘法口诀表和长长的除法。它要比这些更令人兴奋。

我想你一定喜欢看到它更广阔的景象。"他给了我一些书，他认为我会对它们感兴趣，领略到数学世界所展现的各种风采。

其中一本书是G. H. 哈代写的《一个数学家的辩白》（1940年初版）[1]。这本书对我有很大的影响。读哈代的书让我明白，数学与创造性的艺术有许多共同之处。它与我喜欢做的事情——语言、音乐、阅读等——似乎是相通的。哈代自己就是这样的一个例子。他是这样来描写数学家的："数学家和画家或诗人一样，都是模式的创造者。如果说他的模式比其他人的更永久，那是因为他的模式是用概念建构的。"随后他写道："数学家的模式，像画家的或诗人的模式一样，必须是美的；他的概念，就像颜色或语言，必须以和谐的方式构成。美是这种模式的第一个检验：丑陋的数学在世界上不会持久。"在哈代看来，数学是一种创造性艺术而不是有用的科学。"'真正的'数学家的'真正的'数学，譬如像费马、欧拉、高斯、阿贝尔和黎曼的数学，几乎是完全'无用的'（'纯'数学的'应用'真就是这样）。基于数学家工作的'效用'来评判一个真正的专业数学家的职业生命是不可能的。"

20

我的对称群性的构建确实不是出于实用的目的。它是体现我的审美意识的一种创造。它是那么令人惊奇，那么出人意料。就像一首乐曲的主题，在证明过程中它突变成一种完全不同的东西。我想，促使我构建这个对称群的一部分动力正是因为它在数学上具有某种实用性。它有可能最终帮助我们更好地理解椭圆曲线。它为我们认识p-群分

---

1. *A Mathematician's Apology*，有中译本，译名为《一个数学家的辩白》，李文林、戴宗铎、高嵘编译，大连理工大学出版社，2009年第1版。还有中文评注本，《一个数学家的自白》，李泳评注，湖南科学技术出版社，2007年第1版。—— 译注

类的复杂性提供了新的视角。但我仍然认为这种创造性的行为不是那些超出我的控制力范围的外部因素硬强加的结果。

然而……这是不是说数学对象只是待在那里等着别人来发现它呢？是不是我在波恩的那一刻只是一种发现行为呢？也就是说，如果我没发现它，最终也会有别人来得到相同的结果呢？我不过是在数学园地里瞎刨，凑巧发现了这种对称的对象？是不是说它一直在那儿，等着人来揭示？为什么这种发现与科学家首次发现金这种元素或是天文学家首次发现海王星有很大的不同？

关于这些问题，哈代在他关于数学的创造力的一篇演讲中给出了完全不同的思想表达："我相信，数学实在在我们之外，我们的功用是发现或观察它。我们证明的定理和那些我们夸大其词地当作'创造'所描述的东西只不过是我们对观察的记录。"这里我妄加归结一下数学家与其成果的关系，我认为所有数学家们都是这么看待他们的工作的：任何创造性的会计运算都不可能使一个素数被整除。正如哈代宣告的："317是一个素数，不是因为我们这么认为，也不是因为我们的思想经过这样或那样的改造，而是因为它就是这样存在的，是因为数学实在就是这样被构建的。"

发现新的对称群与发现一种新元素或发现一颗新的行星之间也许有一点是不同的：因为黄金和海王星是自然演变的，不需要我们介入。但我还是觉得，如果我没有发现这个对称群，那么一定会有别人将它构建出来。在多大程度上它是我的想象的产物呢？历史上不乏这样的记录：数学对象被不同的数学家以彼此独立的方式同时发现。最有名的当属高斯、鲍耶和罗巴切夫斯基对非欧几何学的发现。虽然他们所使用的符号、说明和解释可能各具特色，但他们发现的对象——一种具有三角形的内角和小于180°性质的几何——是一样的。

21

相反，人们无法想象三位作曲家会同时创作出《死亡与少女》弦乐四重奏。这个作品是舒伯特天才的杰作，诞生自非欧几何首次面世的同一时期。然而，尽管音乐本身是独一无二的，其他作曲家也永远不可能创作出完全同样的作品，但音乐表现出的这种情绪和变化却完全可以在其他艺术形式上被独立地、同时地表现出来。不同的作曲家经常在相同的时间段里发现新的创作方式、新的曲式结构和新的可能性。舒伯特这曲四重奏标志着音乐创作上浪漫主义时期的开端。但他不是探索狂飙突进[1]时期那种强调变幻不息的键盘曲式概念和强烈对比手法的唯一的一个。我共事过的当代作曲家都谈到过发现某种概念所带来的那种打击，就好像不同的作曲家在创作作品时都发现了同样的新结构、新形式。

也许我可以提出建议来说明我在做数学研究时对创造力的感觉。在波恩的那个晚上，我原本可以在黄色拍纸簿上写下很多不同的对称群。事实上，这样的对称群有无穷多个。我要做的就是写下这些对称群的名称，并定义它们是如何相互作用的……瞧……我已经创建/发现了一个新的群。尽管会出现这些对称群以前是否被构建过的问题，但

1."狂飙突进"是指德国（实际上不限于德国，至少也包括奥地利）在18世纪70～80年代发生于文学艺术领域的一场创作风格剧变的运动。在这一时期，德国的文学和艺术创作很快从古典主义过渡到浪漫主义。在文学创作上，强调个性、情感和进取性，代表人物有歌德和席勒，作品以歌德的《少年维特之烦恼》为先锋；在音乐上，强调突破形式（曲式），强调音乐的色彩和主观感受，海顿晚年的五首钢琴奏鸣曲，莫扎特、贝多芬和舒伯特的音乐创作都可以视为这一影响的先声。——译注

我更感兴趣的是为什么那晚我构建了特定的对称群后我会那么兴奋。

我认为将自己比作作曲家和作家是有帮助的。我可以在五线谱上随意写下记谱号，给出不同长度、不同强弱变化的音符，我会谱写一首乐曲。或者，我可以坐在打字机前，打出一连串字母或单词，写出一本书。博尔赫斯的《巴别图书馆》[1] 包含的每一本书都是由25个字符组合写成的，每本书都是410页，每页40行，每行80个字符。当然，这个图书馆里有海量的书籍，准确地说有$25^{1312000}$本。

它们都待在那里等待着某位作者去发现。《远大前程》在查尔斯·狄更斯取下它之前早就已经在那儿了。所谓创造性的行为就是从所有可能的书中抽出这本书来写。我认为，数学研究同样是这种情形，只不过我们经常忽视这一点而已。

我可以无止境地写下新的和原有的定理。我可以建立无限多个新的对称群。我可以通过电脑运用以前陈述的每个语句的逻辑推理规则将这些对称群一个个地复制出来。它们都具有客观的真实性。所有这些在数学上都是真实的陈述。但问题是，就像人们对巴别图书馆里的大多数书籍不感兴趣一样，这些新的定理同样是平庸的，人们不感兴趣。

---

1. *The Library of Babel*，一部由阿根廷作家博尔赫斯（Jorge Luis Borges，1899—1986）于1941年创作的一篇短篇荒诞小说。讲的是有这么一个由巨大的图书馆构成的宇宙。这个宇宙（或叫图书馆）由无数互相连着的六角形房间构成，房间内四壁都是书架，书架上垒满了由每本410页，由25个字符排列组合写出的绝无两本雷同的天书。曾经的图书管理员号称这些书包含了宇宙的全部知识，可现在就是没人能懂。本文作者杜·索托伊将篇名取为“探索巴别数学图书馆”也有这层意思。—— 译注

能产生数学真理的东西还有很多。在数学家看来，艺术就是一种可用于挑选逻辑途径的准则。这里，我认为美感在作出这些选择的过程中扮演着重要角色。我想告诉大家，我发现这种新对称群的原因说起来令人惊讶。它就像小说中的某个时刻，当你认为主角该是这样行事时他却突然变成另一种完全不同的行事风格。 22

也许数学和其他科学之间的区别就在于我们生活在这样一种自然世界里，它充当着代理角色，挑选出那些具有特定性质的东西，而正是这种特殊性使我们——作为科学家——试图理解为什么它们如此特殊并被挑选出。通常情况下，能给出答案的最终只能是数学。

我很赞同本书其他地方所提出的建议：人们经常是在看到由数学得到的结果比运用它之前更丰富时才体会到它的价值。对称群的定义看起来很简单。人们很难相信会由它导致像大魔群和E_8这样的奇异对象的发现。

文化和历史背景也会对不同的数学发现的认可并为之激动产生影响。每个21世纪的数学家都会关心黎曼zeta函数是否有一个零点不在临界线上。相比之下，关于是否存在奇完全数的问题虽然也是个令人印象深刻的数学问题，但我不认为21世纪的数学家会关心这个问题。这也就是现在没人真正努力要去证明这一事实的缘故。与此相反，如果这个问题放在古希腊人那里，那将是一个令人激动的发现。对它的证明自然也会产生关于数的令人兴奋的新的数学见解。现在是否真有人关心费马方程$x^n+y^n=z^n$是否有整数解？可以确信，不会有多少定理是建立在“假设费马大定理为真，那么……”基础上的。但为什么数学界一直在追求这个定理的证明呢？是因为它能催化某些惊人设想的发现。

人可能会通过宣称“数学发现的是宇宙的永恒真理”来对数学和艺术创作做出区别。我无法让一个定理为真恰恰是因为我认为它应该是美的。如果黎曼假设被证明是假的，那么我们对素数布局是多么漂亮的信念就将被打破。但对此我们无能为力。黎曼假设可能为真也可能是假的，对此创造性思维无法改变。相反，人们不会谈论《死亡与少女》或《远大前程》的客观真理性。因为从一开始，这些作品就引发了观众的多种反应。歧义是艺术创作的一个重要组成部分。但歧义对于数学家来说则是灾难。数学研究中的创造性行为集中到一点：就是提出黎曼假设是否为真这个问题。关于素数我们可以提很多问题，但为什么这个问题非常重要，同样是因为它提出了素数研究中一个非常特殊的问题。当你第一次了解到素数与黎曼zeta函数的零点之间的联系时，会不禁感到喜出望外。这正是一种不寻常的转换。

23　数学发现的另一个关键是如何整合发现所跨越的主题。这种整合对于数学价值的判断往往是很重要的。那种从主流数学来看似乎孤立的数学发现，尽管令人惊讶或很美，通常可能不会像与其他主题有联系的数学发现那样受到同样的重视。黎曼假设与数学的其他分支有着如此众多的相互关联，这个事实本身就是数学的价值体现的原因之一。这与互联网相似：一个问题的联系越广泛，它在Google的数学问题排名榜上就越靠前。

也许音乐和文学创作在隔绝状态下反而可以做得更好，虽然经常是人们只在它与此前已有作品的联系中才能真正欣赏这些作品。

人们在证明黎曼假设的研究中提出了一个有趣的问题：证明一个猜想与构建新的数学对象之间是否有区别。当然，构建用于确立黎曼假设是否正确的证明所涉及的创造性与构建新的非欧几何的创造性是匹配的。但是这个过程确实存在差异。这有点像探险家。黎曼指出在遥远的地方有一座山，而那些试图证明黎曼假设的人则试图在数学园地里找到一些路径以便到达这座山。鲍耶对非欧几何的发现就像一位探索者在海洋中遇到一个以前从未见过的新的岛屿。

“数学对象是否真的存在”这个问题又如何呢？我在内心里当然是一个柏拉图主义者。有一些东西确实独立于我们的存在或我们对其想象而存在那里。素数、单群、椭圆曲线，均是这样的一种存在，而不是哪位数学家制造了它们。但后来也许我正在回到这样一种感觉：我的对称群只是对一直在那里的数学实体的一种表达。我觉得我很赞同克罗内克的说法：“上帝创造了整数，其余都是人的工作。”但这并不是说，黎曼假设的真假也是某个男人或女人提出的。正是要么是真要么是假，才使得素数按黎曼假设所预言的那样分布。但做出攻坚这个数学问题而不是其他假设这一决定的则是我们这些男人或女人。同样，我认为，数学家的作用是论述整数的具体性质，并指明那些真正令其他数学家感兴趣的和令人惊奇的特性。我认为，在挑选大的数学问题时需要用到审美判断，就像音乐家在创作伟大作品时需要审美判断一样。数学的实用性对数学家的研究几乎不起激励作用。数学发现最终被应用到现实世界中往往是几个世纪之后的事情了。相反，数学家被吸引到数学上来，是因为数学充满了优美、典雅和惊喜。在数学证明里，主题被确立后才有变异、交织和产生令人惊讶的联系的那一刻。在我看来，这些特质既可以创作出令人振奋的音乐，也可以带来令人兴奋的数学论证。

对数学家来说，证明的过程，无论是首次踏出一条前人未知的路径，还是跟随别人的脚步前行，都反映了数学的本质。这种本质不是被证明了的、干干净净的定理的陈述所能反映出来的。例如，费马发现存在这样一个惊人的事实：除以4的余数为1的每一个素数总是可以写成两个平方数之和。譬如41是一个素数，它除以4的余数显然为1。费马大定理保证这个素数可以写成两个平方数的和，对于本例就是25+16或5的平方加4的平方。

在数学家看来，这个定理是令人兴奋的，因为它连接两个不同种类的数：质数和平方数。但数学家的真正快乐在于找到一种证明方法来证明为什么会存在这种联系。当你突然看出素数和平方数之间为什么会有这种共同性时，你的心头就会为之一震。它们就像是一个共同主题的两种不同的变化。

如同人们开始量化研究是什么构成了优美的音乐（研究者试图绘制出音乐的不同特征）一样，我们有可能借助一些方法来判断为什么我们会给一些证明了的数学定理以大奖，并公之于《数学年鉴》刊物，而对另一些证明则不感兴趣。这跟证明的复杂性有关吗？有时确实有关，虽然简单性往往是数学家的一盏指路明灯。四色问题的证明是复杂的，但不漂亮，因为在你突然明白为什么给地图着色是四色而不是五色就够了的过程中它不能提供那种相当神奇的“啊，哈”一刻。费马大定理的证明相当的复杂（肯定不像费马说的在菜单边页上写不下的那种），使得阅读它的数学家被其中的概念搞得晕头转向，就像一出宏大的瓦格纳歌剧达到大结局的那一幕，但只有这样你才能体味到什么是怀尔斯引领下的不可避免的旅程。第三种测度数学价值的方法是看所证明的结果与其他数学结果之间的统一性，数学的Google评级即是这样的一种方法。

但试图定量刻画什么是好的数学是注定要失败的，就像我们无法用测量来评价为什么莫扎特的音乐是如此神奇一样。哈代在《一个数学家的辩白》里这样写道："很难定义什么是数学之美，但这种美同其他形式的美一样真实——我们可能不知道一首优美的诗的确切意思是什么，但这并不妨碍我们从阅读中获得美的享受。"

我常常觉得，有关创造/发现的问题与那种关于先天的还是后天培养的争论有共同之处。一个孩子到底多大程度上可归因于基因的遗传呢？在孩子的成长和性格塑造方面环境的影响是否更大呢？数学家发现的定理就是他们的孩子，他们的遗产。一个定理的诞生往往是长期辛勤劳动的结晶。它们的存在是我们继承传统的一种方式。对它们的证明的持久性使我们有机会变得不朽。但这些定理难道就像遗传代码决定了其性状和存在方式一样只是我们工作所用的逻辑框架的结果吗？或者说，我们对所创建的这些定理的培育只是文化——我们身处其中的数学环境——的一种功能？对于那些喜欢非黑即白，要么对要么错，要么证明要么证伪，很少考虑到第三种可能的数学家来说，这不是一个非常令人满意的答复。但也许这就是为什么所有这些哲学沉思进行到最后，数学家往往还是扭头回到自己的数学园地，

25

继续在这片绚丽的风景里跋涉——证明新的定理，构建新的数学结构，陶醉在其不变的确定性中。这就是数学家的工作。

26 评马库斯·杜·索托伊的“探索巴别数学图书馆”

马克·施泰纳

马库斯·杜·索托伊教授用一种简单但有效的区分调和了数学哲学上的实在论和建构主义的立场。可用数学语言描述的结构是一种独立于我们知识的存在，这是实在论的观点。数学家从这些结构中挑选出那些所谓数学结构。但能够用数学语言描述的未必一定就是数学结构。杜·索托伊教授补充道，美学因素在决定什么是值得探讨的——即所谓数学究竟是什么——方面发挥着主导作用。这也正是我在我的《作为哲学问题的数学适用性》(1998年出版)一书中所采取的立场。我的观点是，从支配数学研究的人类中心论判别标准(一如美学标准)上看，数学是符合人类中心论的立场的。

杜·索托伊以赞许的态度引用的哈代的观点——优美的数学从来不是“有用的”——到底要告诉我们什么呢?我看不出杜·索托伊教授有什么理由接受一种明显错误的观点，可能主要是基于一厢情愿的想法。(哈代不想让数学用于战争。)相反，哈代这么说可以说是大错特错，因为许多科学家相信，数学越优美，它的应用就越广泛。哈代写道:“没人会知道数论或相对论会用于战争目的，似乎不太可能会一做这么多年。”虽然说爱因斯坦发明了原子弹的观点是荒唐可笑的，但另一方面说质量与能量的等价关系决不会用于战争目的同样是荒唐可笑的。至于数论，据我所知，该领域的大部分工作是简单的分类，因为它可以并且已经被用于密码学。如果有人想出了一种很好的大数算法，他很可能会被逮捕。

我向杜·索托伊教授提出这样一个问题：你能解释一下为什么优美的数学往往在应用上都非常有用？

27

第 3 章 数学实在

约翰 · 波金霍尔

数学家从事的是发现，还是他们只是构造一些精巧的智力拼图，为对此有兴趣的大众提供一种消遣和娱乐？数学只是一种让人费解的逻辑上的同义反复，还是说数学能够提供比它所蕴含的平庸判断更有趣、更有意义的东西？

寻求这些问题的答案不只是对数学本身的尊严和重要性进行评估，而是其寻求的结果能够为更广泛、更深入地探讨哲学问题提供一种重要的思想源泉。数学的进步能够为基本的形而上学问题——“究竟什么是实在的意义？”——提供答案。那么它们能扩展到那种在时空舞台上仅通过物质成分间交换能量就能充分描述的领域的前沿吗？在唯物主义者看来，后者才是实在的真实内容，人类谈论的所有其他东西，譬如精神或价值论之类，不过是谈论物质所附带的现象的一种便捷方式。或者反过来说，真正的本体论上的充分性是不是要求比物理主义能够清晰表达得更丰富呢？

数学实体的本性问题为探寻这个普遍性问题提供了一个方便的检验案例。在这个问题上，我们不妨来看看一篇出版的报告。这篇报告是两位著名的法国学者——分子神经生物学家兼坚定的唯物主义者让·皮埃尔·尚热(Jean-Pierre Changeux)与数学家兼坚定的数学实在论信徒阿兰·科纳(Alain Connes)——之间的对话实录(Changeux and Connes, 1995)。尚热断言,数学实体"存在于创造它们的数学家的神经元和突触中"(同上,第12页)。而科纳则认为,在数学世界里,存在一种"比我们周围的物质实在更稳定的实在"(同上)。在这场对抗中,两种完全不同的形而上学观点彼此尖锐对立。

形而上学

28

哲学的一个基本问题是,我们应该如何看待认识论(知识)和本体论(存在)之间的相互联系。在一个极端,譬如在康德那里,二者被看成是完全分离的。在他看来,我们所能知道的只是现象,即事物的表现;而本体,即那种自在的东西,是我们所无法看见的。而实在论者所在的另一个极端则认为,认识论和本体论是密切相关的,我们所知道的知识应该被视为了解那种情形下事情原委的可靠指南。几乎所有的科学家,自觉或不自觉地,都是实在论者。如果他们不相信科学知识能够告诉我们这个世界实际是什么样子的,我们就很难理解人们在纯科学研究中所付出的艰辛劳动和巨大精力。然而即使是在科学领域,物理学尽管制约着但却并不能完全决定形而上学。在这两者之间没有简单的衍推关系(entailment)。它们的相互关系类似于建筑的基础和最终屹立其上的大厦之间的关系。例如,量子物理学本质上无疑是概率性的,但这种不确定性的出现就一定是因为我们对精细结构的无知造成的吗?或者说,自然界本质上就存在这种内在的不确定性吗?虽然大多数物理学家都追随尼尔斯·玻尔及其后继者采取后一种观点的立场,但戴维·玻姆表明,对量子理论可以有另一种解释,它能给出同样的物理预言，但这种理论却对应于前一种选择 —— 隐性决定论（Bohm and Hiley，1993）。由于两种理论的经验性结果不存在差异，因此我们不可能在严格的物理学基础上对玻尔理论和玻姆理论进行取舍性选择，而必须求助于形而上学，譬如自然性和缺乏手段之类。

在有关数学实在的性质方面同样会出现类似的问题。数学知识极为丰富，令人印象深刻。那么这些知识与实在之间究竟是什么关系呢，如果存在这种实在的话？尚热在为自己的观点辩护时说道，他采用的是"博物学家的立场，不借助任何形而上学的假设"（Changeux and Connes，1995，第213页）。瞧，要想让我们以别人看我们的视角来看待自己有多困难！在实在这个问题上已形成世界观的任何人，无论其所持的观点是狭义的还是宽泛的，都具有明确的形而上学判断，就像他们用散文来表达自己的信念。唯物主义没有例外。秉持还原论立场的物理学家往往有这样一种误解，他们不知出于何种考虑，想当然地认为自己不在必须先验地做出形而上学的假定之列，他们只信奉科学的可靠性。然而事实是，科学以其有限的实用目的性换取了非常巨大的成功，这一点从量子物理学的例子中可见一斑。量子力学带来的各种发现限制了形而上的思考，但要确定其结论应该是什么，仅靠这些发现本身是绝对不够的。把思想还原到神经网络的物理状态来，这不是神经生物学的本身的推论，而是一个建立在该科学领域之上的形而上学的假设。当然，我无意挑战这样一种信念：人类的心灵活动与大脑行为之间存在着联系。我当然接受人是身心二元的实体的观念，但这种关系的性质却不是一个仅靠神经生物学研究就可以解决的问题，尽管这种研究无疑很重要也很有趣。形而上学的问题要求有形而上的答案，这种答案必须得到形而上的论据支持。

29

与以前许多世纪的思想观念形成鲜明对比的是，当代社会似乎把唯物主义当作天然默认的立场，几乎不需要任何论据为其辩护。它所呈现的世界图景就像是一幅月球地貌——庞杂、单调重复，各种信息处理系统充斥其间，但就是没有人。那种令人类生命变得宝贵和满意的大部分东西被当作附带出现的现象，那种催生了科学和数学的创造性的想象力没有得到应有的尊重。个人经验——我们在处理实在这类问题时所依赖的最重要的基础，而非被给予的应有的特权——因其重要性受到无端的猜疑而被摒弃了。我们的精神生活——我们所有知识的实际源泉——被看作好像只是物质活动的副产品，通过抽象以一种神奇的方式被直接取代了。

在唯物主义观点看来，人类不过是肉做的电脑。就数学经验而言，这种观点不能令人满意似乎很清楚。数学思维远不是计算的效率所能衡量的，数学见解也不仅仅局限于哥德尔定理所限定的有限公理化系统内。罗杰·彭罗斯特别强调这一点（Penrose，1989）。

数学实在

关于数学实体的理性世界的实在性问题的思考，与人们在反驳唯心主义者对物理世界的实在性的批评所做的类似辩护有一定的可比性。然而，在考虑这些形而上的论证之前，我们首先必须明确一点：什么样的结果可能是所期望的。所得出的结论的特点是要有见地和有说服力，而不是逻辑上的强制性。严格的“证明”语言——所得出的结论只有傻瓜才不会同意的那种证明——在这个语境下是不恰当的，没有人能够强迫一个顽固的怀疑论者放弃他的立场。但这种证明也可能枯燥无味，甚至似是而非，令人难以置信。唯我论者和那些坚持认为世界和我们对它的记忆只在5分钟前有意义的人，其荒谬性在逻辑上都是无懈可击的。摆脱形而上学争论的最好的办法就是声称已经取得了能够取得的最佳解释。

人在面对物理世界时的思考与面对数学世界时的思考这二者之间的第一层可比性与人类感知的一致性有关，或者说，与不同的观察者所报告的、解释的相互连贯性有关。关于这一点科纳总结道：

30

> 除了我们的大脑对它的感知之外，什么东西能证明[多强势的一个词！]物质世界的实在性？简言之，我们对（数学实在）的认知与它的恒常性是一致的……因此，与数学实在相关联的只有：用几种不同处理方式给出相同结果的计算，不管这种计算是由一个人来完成，还是由几个人来完成。
>
> （Changeux and Connes，1995，第22页）

可比性的第二个方面是指独立实在具有性质上、层次上的丰富性。科学对物理宇宙的探索是一个不断向更深层次的合理的物质结构和关系进军的过程，这一过程显然是无休止的。随着物质世界逐层展现，它所显示的丰富性越来越强有力地表明，其根源是研究者有限的人类智慧所无法企及的。至于数学，科纳援引哥德尔定理解释道，其含义——算术的丰富性永远不会被包含在有限的公理化系统之内——表明数学实在具有相似的性质特征。他说道，这个定理意味着“包含在关于正整数的所有真命题里的信息量是无限的”。接着他评论道：

“试问：难道实在的显著特点不是独立于人类的创造吗？”（同上，第160页）。

可比性的第三个方面与前一个方面有关，指的是探索独立实在时遇到的出其不意性。实在论者关于物理科学解释可以找到强有力支持的一点是，宇宙被揭示出的有关特征总是出乎人们的意料，迫使物理学家不断提出新的概念。如果不是大自然顽固的刺激所施加的无情压力，这些概念可能永远不会被提出。科学努力的结果是发现而不是构建。量子物理学的有悖直觉的许多概念也许是这种现象最明显的例子。如果不是因为光的被观察到的特征这一无情事实的推动，谁会认为波粒二象性这种明显的歧义性会是一种合理的可能呢？在探索数学世界时，我们同样会遇到这种类似的丰富的出乎意料的事情。科纳喜欢列举的一个例子是26个“零星的”有限单群，它们无法被分类纳入像素数阶循环群那样的一般性类别（du Sautoy，2008）。更形象的一个例子是曼德布罗特集的无穷增殖结构，这种结构可能就源于一个看似简单的简明定义。

这种考虑因素有助于解释许多数学家怀有的这样一种信念：他们从事的是对实际存在的实体及其属性的发现，而不仅仅是编个智力游戏那样一种发明，他们不是要沉溺于简单地炫耀他们的技能。杰出的数学分析大师G. H. 哈代在他的《一个数学家的辩白》一书中是这样陈述他的信念的：“数学实在外在于我们。我们的作用是发现它或观察它。那些被我们大言不惭地描述为我们的“作品”的定理不过是我们的观察笔记。”（Hardy，1940：1967，第123—124页）当然，我们的物质的大脑作为观测仪器会包含在作出这些观察的记录里，就像它们

31

被包含在我们对周围物理世界的观察里一样。但在这两种情况下，感知手段都不应等同于被感知的实在。尚热企图将数学实体还原成突触存储的事项，这种企图必然会受到类别出错的抵制，这种做法就如同要将一篇文献还原成写就它的油墨和纸一样简单粗暴。

数学研究是一项智力探索，这一观念的合理性因数学思维的直觉性质和在不自觉的创造性活动中所起的作用而得到强化。有些起作用的东西要比能够用计算处理的平庸概念所描述的东西更为深刻。许多青史留名的发现过程表明，强烈的意识参与并不能导致某个深层次问题的解决，而经过一段时间的休整，问题的答案往往会自动浮现在意识里。完成证明的细节基本上只是一种需要延长运用技巧的体力活儿。这方面的一个著名的例子是19世纪的数学家亨利·庞加莱。他曾在将某个问题与福克斯函数理论联系起来的研究上费尽周折，还是没能取得进展。于是庞加莱决定先放下它，出去度假。但就在他启程的那一刻，完整的解决方案自发地跳进他的脑海。他非常肯定自己取得了突破，但他继续去度假，只是在回程时从技术层面上扫清各种遗留的问题。关于存在深奥的数学直觉能力的问题，最令人惊奇的例子也许莫过于哈代的印度同事斯里尼瓦萨·拉马努金（Srinivasa Ramanujan）了。这个自学成才的天才表现出惊人的数学天赋，在数论方面给出了一条由他发现的深刻定理。这一定理的发现不是靠明确合理的证明，而是靠一种直观的、心照不宣的过程悟到的。如果我们将拉马努金的伟大发现看成是具有访问和探索现存的纯理性世界的能力的结果，而不是简单地归结为他的神经组织的某种偶然的精巧结构所致，这肯定更有说服力。

进化

认真看待数学实体的独立实在性的最后一个证据出自这样一个设问：在原始人类的进化过程中，深刻的数学能力是如何产生的？有一点似乎非常清楚：一些非常初级的初等数学的理解力——计数能力、简单的欧氏几何概念和简单的逻辑推理能力——为我们的祖先提供了宝贵的进化优势。但人类是什么时候其能力远远超出了解决日常实用问题的范围，达到能够提出猜想并最终证明费马大定理，或发现非交换几何的能力的呢？这些能力不仅看上去与传递生存优势没有直接关系，而且似乎也大大超出了这样一种貌似言之成理的可能：大自然使人类从生存的必要性进化出这样一种能力，那是人类的幸运。

32

进化论解释是否有力关键取决于如何获得合适的环境要素，以及尽可能使好的遗传因子得到遗传。如果原始人类进化所发生的环境就像严格的新达尔文主义的正统假设所假定的那样完全只有物理-生物维度，那么人类的数学能力的出现似乎是一种莫名其妙的多余的东西。然而，我们绝对可以认真地采纳达尔文主义的解释，而无需假设所发生的一切事情都需要得到完全充分的考虑。如果数学实体构成一个独立的实在王国，那么数学原本就一直在“那儿”，甚至在数学家出现之前就是这样。它构成一种智力语境，在这种语境下，该出现的事情最终都会发生。虽然生存压力有利于大脑结构的最初发展，这种脑结构提供了有限的算术和几何思维，但一旦与数学实在有了中等程度的接触，那么进一步的新的发展因素就将开始发挥作用。有助于肉体生存的这种驱动力会通过心理因素的影响（即人们常说的“满意度”）而得到加强（Polkinghorne，2005，第54～55页）。知识带来的喜悦将我们的祖先吸引到探索数学实体的纯理性世界上来，诱使他们不断取得进步，这种进步很快就远远超出了日常实用上的需要。毫无疑问，与此相关的心理感知能力的发展很可能是因为人类大脑具有后成的可塑性，它的大部分复杂结构不是来自基因遗传，而是来自对经验所造成的影响力的响应。相信数学实在的独立性就容易理解为什么我们人类有能力成为数学家，否则人类无偿拥有这样一种能力就会显得莫名其妙。

不可理喻的有效性

如果数学实体是实在的一部分，那么可以预料，它们所在的本体论领域不是一个不与实在的其他领域相联系的孤立领域，而是与其他领域有着微妙的联系。这种情况的一个非常突出的例子是我们对物理理论的理解与数学性质之间所存在的联系。基础物理学在寻求理论发现时，数学是一项非常实用的技术。它使得构建理论的方程具有一种明确无误的数学之美。这种美是一种非常稀缺的审美经验形式，但数学家却可以很容易地辨认出并接受下来。这种美包含了诸如优雅、经济和“深刻”等品质，也就是说，从一个看似简单的起点出发，通过推导，我们可以得到广泛的异常丰富的结果。物理学家寻求优美的方程绝不是纯粹的审美宣泄，而是出于一种启发式策略的考虑。近代物理学发展的三个世纪的历史一再证明了它的价值。量子理论的奠基人之一保罗·狄拉克终其一生都在追求数学之美，并且非常成功，正是这一点帮助他做出了卓越的发现。他曾这样说过，你的方程是否完美要比它是否与实验一致更重要！当然，狄拉克并不是要说充分的经验事实最终是可有可无的。没有一个科学家会这样认为。如果你求出了新理论的方程的解，却发现这个解与实验结果似乎不一致，这无疑是一个挫折。但它未必就是绝对致命的。毫无疑问，你必须借助于某些近似处理来得到新的解，也许你刚刚得到的解是在一种不恰当的近似下得出的，也许是实验数据有错——我们都知道，这样的事情在物理学里已经不止一次地发生过。因此，希望总是存在的。但如果你的方程很不美观……那只能说没希望了。整个物理学史还没出现过方程丑陋却能畅通无阻的先例。

曾荣获诺贝尔物理学奖的尤金·魏格纳——狄拉克的妹夫——曾将这种数学之美在揭示物理宇宙秘密方面的非凡能力称为“不可理喻的有效性”。这一明显抽象的学科居然能够为我们理解物理世界的结构指明一条道路，它是怎么形成的？为什么数学家在他们的研究中所发现的纯数学的优美形态会如此频繁地出现在我们关于宇宙的结构中呢？当然这里不是从细节上对这个问题展开讨论的地方[我个人认为，它的答案可能要到自然神学里去寻找（Polkinghorne，1998，第1章）]。就我们目前的讨论而言，指出这一事实以及它对于物理学和数学之间深度纠结所蕴含的意义已足矣。很少有人怀疑物理世界的实在性。既然这样，他们就应该准备考虑承认与之纠结的数学世界存在类似的实在性。

数学还与实在的其他方面纠缠在一起。我希望非常认真地考虑人类与审美领域的关系问题。我不认为我们的审美经验只是一种浮在物理学基础之上作为附带现象出现的泡沫，而是我们接近实在的另一种形式。当然，音乐涉及空气的振动，但我们并不能将对它的鉴赏还原到这些振动的傅里叶分析。声波波包对耳鼓膜的冲击为什么会唤起我们的情绪变化，并让我们相信这种情绪体验构成了我们邂逅永恒的美时的有效经验，这仍是个很深奥的秘密。人们经常认为，数学和音乐之间存在亲缘关系，这种关系不仅表现在个体上，譬如经常有某个人在数学和音乐两方面都显示出强烈的爱好和擅长，而且表现在二者的模式具有共性，尤其是在对位音乐的情形下。

34　另一种审美体验涉及伊斯兰艺术所展示的重要模式。马库斯·杜·索托伊（du Sautoy，2008，第3章）对格拉纳达的阿罕布拉宫的壁面装饰图案的对称性有过非常精彩的讨论。在19世纪，群论数学家已能证明，能够如此规则地铺满一个平面的不同的基本对称性类型只有17种。而在这座建造于13～14世纪的阿罕布拉宫，所有这17种对称性都用上了。参与设计的伊斯兰艺术家肯定不知道群论，但他们的杰作表明，他们直观地领略到数学实在。

结论

形而上学立场的说服力的评估标准是一件需要认真对待的事情。它足以包含人类在寻求创造智慧的过程中以其敏锐的洞察力所获得的广泛的基本经验。那种简单地通过非法强求一致的战略（在某些人看来不方便考虑便将其切去）所得到的方案肯定不会被采纳。本章的论证是要说明，以应有的严肃性来看待数学的特点和成就的方法不外乎是在承认数学实体的纯理性世界的实在这样一种形而上学的背景下所制定的最佳方法。

评约翰·波金霍尔的"数学实在"

玛丽·伦

35

为了回应数学是"创造还是发现"这样一个棘手问题，约翰·波金霍尔通过本文论证道，数学家从事的是对数学实体的"理性领域（noetic realm）"性质的研究，因此，数学研究属于发现性质而不是创造性质。波金霍尔将数学的这种研究性质与物理学的研究性质进行了对比。依据这种对比，我们对人类数学活动的解释不必依赖于数学对象的范围，例如，它不依赖于"巧妙的智力拼图"的构建或是对"某个可怕的逻辑上的同义反复进行艰难的解释"。

波金霍尔相当明确地指出：他（抑或其他任何人）对数学基本性质的这种解释不可能用演绎方法来证明。在这里，我们所采用的哲学理论不是经验证据就能够确立的，因此，要想使波金霍尔的理性领域假说胜过物理主义假说，最好采用归纳性质的理由（即那种不建立结论，至多带来可能的理由）。波金霍尔进一步指出，物理主义应当被视为众多形而上学假说中的一种，而不是一种默认的立场，除非我们有确凿的拒绝它的理由。因此，波金霍尔的策略是从物理主义否定这种理性领域存在的立场出发，反其道而行之来考虑理性领域假说。化各种现象所提供的证据为我所用，并通过这些现象来证明物理主义的错误和数学对象的理性领域存在的合理性。

一个问题只适合用归纳来考虑，而不能用演绎方法来证明，这当然无损于这个问题的意义、价值、重要性或其易处理性质。事实上，当演绎方法在纯数学中蓬勃发展之时，归纳推理则成为实证科学的命

脉，几乎每一个重要的理论问题的解决都需要我们超越由经验观察所
36 导出的狭隘的结论才能取得。波金霍尔的讨论采用了实证科学里司空见惯的两种不同类型的归纳推理，以论证他的形而上学结论：一种是类比论证；另一种是最佳解释推理。

类比论证的一般形式为：如果X在a，b，c ...方面与Y相同，那么X也（可能）在z上与Y相同。这种形式的推理对于从诸多情形模型中导出真实情形的结论是必不可少的，其中的推论可能相当平凡（城市就像是一张标着标志性建筑、街道和我们能看到相对距离的地图，因此，它也像标有市政厅位置的地图。如果你要去市政厅，你该直行，走到左侧的第三街即是）。更富创新意义的是，牛顿通过行星和球体之间的类比认为，行星围绕太阳的运动应该类似于用弹性弦拴着的小球的圆周运动（弹性弦的“拉”力作用在小球上，使其做圆周运动，太阳作用在行星上的力起着类似的作用）。这种推测性类比需要一些技巧。对于X和Y的任何值，我们能够找到它们的相似之处。关键是要找到足够相关的相似性以保证推出进一步的相似性。

波金霍尔的类比论证（引自阿兰·科纳对让·皮埃尔·尚热激进唯物主义立场的回应），从三个方面探讨了数学探索与物质世界探索的相似之处。他的结论是，数学探索和物质世界的探索一样，存在一个独立的、客观的、真实的客观世界作为它的研究对象。波金霍尔个人觉得，这些方面中的每一个本身就足以引出他的实在论结论，但综合考虑，它们只是加强了整体的类比力度。因此，在对这种类比进行评估时，重要的是要考虑两种探索方式相似的那些方面（即那种不依时间、观察者、丰富性和惊讶程度而转移的“知觉”上的一致性）是

否与波金霍尔所断言的（即独立的对象世界的）进一步的相似性存在关联。波金霍尔坚持数学推理的客观性原则，例如，用不同方法彼此独立地推出相同数学结论的不同推理者肯定认为数学家在导出他们希望的结论过程中是不自由的。但与波金霍尔的进一步断言相关的相似性，即数学探索，会像物理探索那样涉及一个客观、独立的对象领域吗？

在回答这个问题时，我们可以考虑关于数学性质的其他说明是否能够解释波金霍尔提到的现象，甚至优于波金霍尔的理性领域假设。对于数学研究和物理研究之间的相似性，如果确实存在另一种合理且不必借助于理性领域概念的解释，那么由类比得到的原始论据的力量就被削弱了。这时，我们就得考虑波金霍尔论证策略的第二种形式：最佳解释推理。

37

我们已故的同事彼得·利普顿将这种推理形式描述如下：

> 鉴于我们的数据和我们的背景信仰，我们推断出——如果属实的话——那种提供最佳竞争性解释的东西，这种最佳竞争性解释是我们从那些数据中产生的（只要这种最佳好到足以让我们做出推定）。
>
> 利普顿（1991：2004，第56页）

正如利普顿指出的，“最佳”一词在这里需要做些澄清。具体来说，我们可以区分为由证据支持的最佳解释和能够提供最佳理解的解释。总之，最佳解释（可以区分为）最可能的解释和最可爱的解释。

利普顿（1991：2004，第59页）

正如利普顿指出的，倡导最可能解释推理相对来说没有争议，但可悲的是，也相当无用——如果我们有办法知道什么情形是最有可能的，我们一定会推断出相应的结果，而最佳解释推理肯定是将找到哪一种方法更可能作为其目的之一。由于最佳解释推理是一种实用的理论选择规则，因此我们需要对那种能够在提供理解的意义上成为最可爱解释的东西进行说明。这种说明也许可以借助于理论品质（如简单性、非特指性、统一的力量等）来进行。波金霍尔明确指出，无论我们对"最可爱"的程度如何说明，理性领域假设都为他所指出的数学探索和物理探索之间的相似性提供了最可爱的解释。这种解释肯定比尚热的将数学对象还原到现存的"产生它们的数学家的神经元和突触"的解释更可爱——你还真以为这些神经元和突触会包含数学所探索的那种丰富的、令人惊讶的、普遍可获得的对象？还存在另一些在波金霍尔看来可由理性领域提供最可爱解释的现象？特别是，波金霍尔指出了那些具有突发的和深刻的数学见解的情形（如由庞加莱和拉马努金所陈述的那些情形）。在这些情形里，人类的推理能力已经远远超出了我们可以期待用进化上的优势来解释，或用数学的那种对于实证科学的"不可理喻的有效性"来解释的狭隘的数学范围。就拿最后这一点来说，波金霍尔认为，将数学看作实在的一个维度，使我们能够理解它在发现物理实在方面令人吃惊的有效性，因为人们预期数学领域“与实在的其他维度之间存在微妙的联系”。但是，存在两个对象系统本身并不足以解释为什么一个系统里的事实一定与发现有关另一个系统的事实存在关联：我家的厨房是一个存在，太阳系也是一个存在，但是如果事实证明，我可以从我的厨房的大小可靠地推 38 断出有关太阳系的令人惊叹的事实，我们或许还是会认为这种推理的有效性不可理喻。关于为什么数学领域的存在性应当从其有效性得到合理解释这一点，我们还需要更多的说明。

有很多人是带着怀疑的眼光来看待形而上学的猜想的。他们的理由是，什么样的证据赞成或反对一个特定的形而上学假设常常并不清楚。波金霍尔的这一章的重要优点是，它规定了这次辩论中对手所要求的明晰而准确的术语：为那些不使用理性领域假设的问题中的现象找到一种更好的解释。对于那些（包括我自己）认为可以找到其他解释的人来说，波金霍尔的论文提出了一个严峻的挑战。

答复玛丽·伦 39

约翰·波金霍尔

我很感谢玛丽·伦，她对我所探求的维护数学实在的观点进行了富于教益的分析。两个对象的存在本身并不意味着相互联系，在这一点上她当然是正确的，但数学与物理之间的关系是一种深刻的，而且显然是内在的联系（不像她的桌子和太阳系之间的联系）。但我坚持认为，这种分析鼓励了认为任何东西都是一个更大的实在的一部分的思想。

40

41

第 4 章 数学、大脑与物理世界

罗杰 · 彭罗斯

数学有一种独立的实在吗？抑或它只是人类的思想和文化的产物？或许它只是对我们所发现的所谓数学结构那样的东西的一种理想化，而这种数学结构则是对物理世界的结构和动力学行为的一种近似？

在这一章中，我试图阐述数学柏拉图主义在下述两个方面的观点：数学的独立实在的问题和物理行为是否基本取决于这种预先存在的数学的问题。这两个问题构成了本章的基本议题，尽管它们在反对数学柏拉图主义的人那里也许常常被混淆。我将用图4.1来说明我在这些问题上的立场。在图4.1里，我直观地描述了三个“世界”：物理的、精神的和数学的世界，同时也给出了三者之间的神秘联系。[1]

上面提到的数学柏拉图主义的第一个问题就是这里的“奥秘0”——“数学世界”——是否仅仅是我们的精神活动的产物，在此之外不存在任何实在，还是它有它自己的独立存在的实体？如果是后者，原则上我们是否有机会掌握这个世界的全部内容？第二个（独立于前

1. 这个图首次出现在Penrose（1994），但我经常在其他地方用它，如Penrose（2004）。

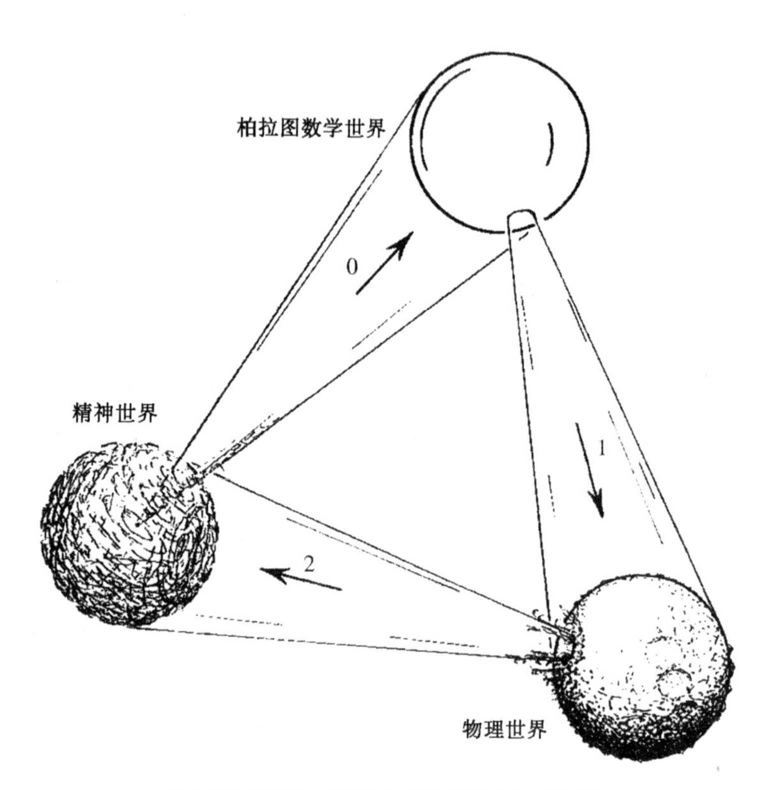

图4.1 三个“世界”：物理世界、精神世界和柏拉图数学世界

一个问题的）问题——我们用“奥秘1”来描述——涉及数学在物理理论上的作用。数学在我们理解物理世界上毫无疑问是有用的，但这种效用难道仅仅反映了我们在将观测数据整理成某种易于理解的形式方面的熟练程度，揭示了某些方面的物理本质，而所用的数学理论其重要性则在其次，它们仅仅是好用而已？还是像许多理论物理学家所信奉的那样，物理世界的运行对于预先存在的数学秩序真的存在一种深刻而又精确的基本依赖关系？这种数学秩序非常优美和复杂，它们就在那儿等待被发现，而不是我们在探索理解大自然的过程中简单 42

地强加给大自然的。

要使这三个世界构成完整的联系就涉及“奥秘2”，它反映的是物理实在与精神世界尤其是主观意识之间的关系。意识是如何从一个似乎完全由客观的数学运算控制的世界中产生出来的？或者说，在一定程度上看，意识是主要的吗？在任何意义上，它的存在都是我们称之为“宇宙”的这样一种结构存在的必不可少的先决条件吗？意识这种神秘的现象出现在我们的大脑，到底是仅仅反映了我们的脑结构的复杂性，还是它本身就具有某种其他的复杂性质？而且，如果答案是肯定的，那么要理解这种复杂性是不是唯有靠计算？在目前的计算机时代，这似乎已是一种共识。或者，意识的存在还需要其他的不可能用计算概念来理解的重要的先决条件？如果是后者，那就是说在我们目前用于描述世界的物理学的背后还隐藏着某种东西？或者说我们必须寻找更深层次的（数学？）理论才可能对意识现象进行物理描述？或者说我们可能必须看得更远，对它的理解已经超越了任何一种科学的范畴，采取一种类似宗教在这些问题的基本态度？

43

在这一章里，鉴于研讨会的主题是数学，因此我主要讨论奥秘0和奥秘1。但是我认为，要对这两个谜团做充分的讨论，就不可能完全抛开奥秘2。我将（借助于哥德尔不完备性）证明，这样一种情形（完全是事实）——我们的大脑能够理解复杂的数学证明，至少在有利的情况下——会使我们得出结论：有意识的大脑的思维不可能完全用计算来诠释，因此，我们的大脑不可能完全是计算物理的产物。不会出现这样一种情形：我们目前理解的物理定律能够包含任何本质上是非计算的东西（这里仅仅具有“随机”性质还不足以被看成是“本质上非计算的”)。由此得出的结论是：有意识的大脑在思维时必然有某些东西是超出我们今天的物理定律所支配的范畴的。我自己的观点是，有意识的大脑思维时的强烈指向性依赖于特定的物理学领域，这个领域可能处于量子/经典的边界，它不在我们今天的物理理论的范畴之内，而所需的物理学革命本身可能还不至于远远超出目前所能理解的范围。

奥秘O的问题确实是一个与上述讨论密切相关的问题。我们将获得数学真理看成是某种“神秘的”事情，其部分原因就在于我们所具有的感知各种特定的数学判断的真理性的能力的性质。正如哥德尔(和图灵)已证明的那样，如果我们将一种具体的、计算上可检验的程序P作为一种有效的数学证明方法加以接受，那么，我们同样必须接受某个命题$G(P)$的真理性，其中$G(P)$的真理性不在程序P的范围之内。因此，我们确定数学真理的方法不可能完全还原到我们认为有效的计算过程。虽然不同的逻辑学家对这一结论给出过不同的解释，但在我看来，它的意义很明确：就有意识的理解而言，在纯粹的计算之外必定存在某种必不可少的东西。(有关这一点的进一步讨论，见Penrose，1997。)但在判断数学命题的真理性时有意识的头脑中到底是什么在活动，仍然是个深奥的秘密。

同时，我坚持认为，数学真理具有很强的客观性(事实上，这一点正是哥德尔自己的看法)，而不仅是一些在带有任意性的规则的基础上产生的人类文化“游戏”。不过，我乐意接受这样一种观点：有可能存在“一定程度上的柏拉图主义”，就是说，一些数学家可以将某个命题P的真理性当作一种“客观”事实，而另一些数学家则可能采

44

取P的“真”或“假”是一个见仁见智的问题，主要取决于他所依据的是什么样的“人造的”公理系统的观点。我认为，从哥德尔的建构哲学来看，有一点是明确的：数学的某些领域的确是“客观的”，因此是一种不以人的意志而转移的存在。这个领域可以是所谓“Π_1句式”的真理，它是这样一类断言：“如此这般的计算过程永远不会终止”（这里的“计算过程”是指“图灵机上的运算”）。Π_1句式的一个著名的例子是费马大定理。在我看来，Π_1句式是真还是假完全是客观的，所以Π_1句式的真值具有一种柏拉图式的实在性，这是毫无疑问的（虽然某些具体的Π_1句式的实际建立过程有可能含有一定的主观因素）。

另一方面，一些更复杂的断言，如康托尔的（广义）连续统假设，其真理的客观性也许更值得怀疑。所有这种断言其绝对意义上的真假似乎需要一种更强形式的数学柏拉图主义[1]，而不仅仅依赖于某些特定的“人造”的公理系统。数学家是否是一个柏拉图主义者通常指的正是这种意义上的柏拉图主义。我自己的立场并不特别为这个问题所困扰，对于绝大多数与物理相关的论证来说，相对较弱的柏拉图主义似乎完全足够了。

事实上，要接受上述结论，我们需要考虑的是这样一种“柏拉图数学世界”，它仅需大到足以包括对物理定律的描述即可。对于它的“存在”我们有一种额外的、超乎人类文化或想象的情形。就目前已知的情形而言，物理世界的运行在很高的精度上与数学理论符合得相当好。其中特别引人注目的例子是双中子星系统PSR 1913+16（见

1. 应明确指出的是，哥德尔和科恩的结果，即证明连续统假设不依赖于标准的集合论公理系统这一断言，其本身并不回答这个假设在某种绝对意义上是否正确这样的问题，见Cohen（1966）。

Hartle, 2003), 人类观察它已有30年, 对它的脉冲信号的时间间隔的观察与爱因斯坦的广义相对论预言之间的一致性可谓惊人(误差小于十万分之一秒)。这表明, 自然世界在其最基本层次(这里是指空间和时间的结构)上的运行机制与复杂的数学理论之间有着非凡的一致性。在我看来, 认为这一致性仅仅是我们设法让观测事实符合一套我们可以理解的理论框架的结果, 这种想法是没有道理的。自然与复杂而优美的数学之间的这种一致性一直就在"那儿", 时间上远远早于人类的出现, 或我们所知的宇宙间任何其他有意识的实体的出现。[1] 45

致谢

本文得到美国国家自然科学基金PHY-0090091的支助, 特在此致谢。

评罗杰·彭罗斯的"数学、大脑与物理世界"哥德尔定理与柏拉图主义 46

迈克尔·德特勒夫森

罗杰·彭罗斯的这一章里包含了许多要求和想法。这些议题已得到广泛讨论。在本篇评述中, 我集中评述以下两点, 这也是他关于哥德尔定理的意义的观点的核心所在:

Ⅰ.哥德尔不完全性定理表明, "如果我们接受一种特定的、计算

1.关于这些问题讨论的更多细节, 参见Penrose(2011)。

上可检验的程序系统P作为数学证明的有效方法，那么我们同样必须接受某个命题$G(P)$的真理性，其中$G(P)$的真理性不在P的程序范围之内。”

Ⅱ.断言Ⅰ.“有明确的蕴含关系：就有意识的理解而言，在纯粹的计算之外必定存在某种必不可少的东西。”

我们可以用更清楚、更熟悉的术语来复述彭罗斯的上述两点：

Ⅰ*.对于任何形式系统P，如果我们接受P的所有公理为真，并且其所有推理法则都是有效的，那么我们就必须合理地接受P的哥德尔句式$G(P)$[及其P上等价的一致性公式$Con(P)$]为真。

Ⅱ*.由此清楚地表明，存在一组句子A，我们可以合理地认定，它不可能被形式化（即A不是一个可计算可枚举集合）。

我看不出有什么理由可以信心满满地宣称Ⅰ*或Ⅱ*成立。$G(P)$及其P上等价的一致性公式$Con(P)$在逻辑上并不由P隐含，这意味着，在逻辑上必然存在逻辑上不由P隐含的句子。一般来说，我们没有理由相信，所有支持P的推理同样支持这些“额外”的蕴含关系。因此，没有理由认为，对P的合理的接受一定包含着对$G(P)/Con(P)$的合理的接受。

对于那些认为能够证明P的证据必定也能够证明确信这种一致性合理的人来说，上述推断可能是错的。不过，重要的是要认识到，证明P的一致性与证明$G(P)$或$Con(P)$的一致性并不是一回事儿。构成P的一致性的理由未必对$G(P)$或$Con(P)$也成立。对于后者，以 47 下补充命题也是必需的：

补充：如果P是一致的，那么$G(P)/Con(P)$成立。

然而，这样的理由并不一定包括在有关P的一致性的证据中。

当然，不可否认，对这条补充命题也可以进行论证。同样不可否认的是，P可能有着非常令人信服的理由，这些理由已经包括了$G(P)/Con(P)$成立的令人信服的理由。它的目的只是说明补充命题的非平凡性质，从而对Ⅰ*提出异议，这表明，$G(P)/Con(P)$的合理接受性往往是以某种预设形式包含在P的合理接受性中的。

对彭罗斯的观点我们还可以从其他方面提出质疑，但限于篇幅这里就不细论述了。

49

第 5 章 数学的理解

彼得 · 利普顿

我虽然不是数学哲学家，但我对科学解释的本质感兴趣。我希望我们可以对数学理解的本质进行讨论。对于这个问题，专题讨论会上的其他与会者都是专家。如果我们能够将物理解释与数学解释进行比较，在我看来是会有启发的。下面的发言希望能起到抛砖引玉的作用。

我自己在数学解释方面的工作部分是基于以下两个简单而一般方面的考虑。首先，我认为在了解所发生的现象和理解为什么会发生这些现象之间存在鸿沟。从理解的角度看，了解通常只是必要条件而非充分条件。因此，正如大多数人都知道的，月亮总是同一侧朝向地球，但很少有人明白为什么会这样。（一旦你明白了要形成这种现象需要月亮环绕地球的公转周期完全等同于其自转周期，这个问题就迎刃而解了。）我们可以认为，有关解释的哲学的大部分工作都是想回答这样一个问题：如何在知其然与知其所以然之间搭建一座桥梁？实际上，这种鸿沟的存在为那些在如何建立联系问题上自以为充分的答案设置了一道有用的约束，因为它表明，任何将理解上必要的单纯知识当作充分条件加以接受的模式都是不充分的。因此，亨普尔的想法 —— 一个好的解释应能够通过提供相信该现象的理由来提供对该现象的理解 —— 可以预料是不充分的，因为在好些情况下，相信的理由往往只需要简单地知道现象确实发生了即可。

促使我对鸿沟问题的可接受的答案设置另一个约束的第二个考虑因素是解释上的“为什么-回溯（why-regress）”特征。我们中很多人在小时候就发觉这样一种提问法常常令父母惊愕：对一个问题我们得到了一个可接受的答案，但我们会穷追不舍地就这个答案本身继续追问为什么。在我看来，这种回溯的寓意不是说解释是不可能的，而是说，在某种意义上，我们可以用我们不理解的东西来进行解释。B可以解释A，从而为在此情形下为什么会是A提供了一种理解，尽管B本身并没有得到解释。因此，我的学生的计算机崩溃了这一事实可以解释她的论文为什么迟交，至于计算机崩溃的原因没人知道。这充分表明，理解不是要在解释与被解释的现象之间传递某种“超级知识”。理解似乎并不是某种特殊的认知状态，而是提供某种额外的信息，这些信息本身不需要有特殊的认知状态。 50

这两点考虑——了解与理解之间的差距和解释上的“为什么-回溯”特征——在物理解释的语境下是没有争议的，但在数学上也许就不是这样。因此，我们似乎可以否认知道某些数学陈述为真与知其为什么为真之间有任何区别。在这里，解释性证明与非解释性证明之间好像存在亲缘关系。在数学情形下，我们也不需要我从“为什么-回溯”得出的寓意，即解释不需要特殊的认知状态。因此，人们可以认为，对数学的理解正是源自数学公理这种特定的认知状态，这些公理就是回溯的终止点。数学上的解释之所以不同于物理上的解释，差别是不是就在于了解与理解之间的差距和解释上的回溯性？

物理解释的两种最流行的模式是因果模型和必然模型。根据前者，解释就是提供关于现象的因果链的信息；而根据后者，现象在某种意义上构成必要条件—— 它必然发生。这两个模型对于数学解释来说似乎明显不恰当。如果我们选择因果模型，那么似乎就不存在数学解释，因为数学事实，不论它是怎么构成的，似乎都谈不上因果关系，因此没有任何证明是自明的。而如果我们选择必然模型，那么又好像每一个证明都是解释性的，这样，了解和理解之间的差异看起来似乎消失了。就算我们知道某个数学真理不是依据证明而是建立在专家证言的基础上，我们仍知道我们被告知的东西是必然的，因为我们事先就知道，任何数学陈述，如果它为真，那么它一定是真的。

幸运的是，我们还有其他各种解释模型可供选择。明显可得的有某种版本的统一模型。按照这种模型，当我们看明白一个问题是如何被嵌入一个统一的模式时，我们便理解了其所以然。这种模糊的想法可以用不同的方式来阐述，但至少它似乎给出了将解释性证明与非解释性证明区别开来的一种办法或标准。然而，统一模型可能忽略了一些理解数学的方法。通过归谬法来证明就是一种不错的检验方法。对于非解释性证明用这种方法是很自然的，但目前尚不清楚，这些证据不能提供对问题的理解（如果证据确实无效）是不是因为它们不具有统一性。这样说可能更自然些：它们的失败正在于它们没能证明“构成”定理为真的东西，而这种“构造”正是物理因果关系唯一的确定形式。因此，对数学的理解，也许除了统一的方法论之外，我们还应阐明一种非因果决定论的概念。

51

到目前为止我能想到的这些评论，主要是数学上针对数学现象的解释，但我还想谈谈如何改进我们对物理现象的数学解释。例如，假设父母注意到，当孩子的行为非常糟糕时，惩罚通常会带来行为的改善，而当孩子的表现非常出色并得到奖励时，随后的行为往往会变得不尽如人意。由此他们推断，惩罚要比奖励更有效。这一推断恐怕不是非常在理，因为对于这些行为模式，我们可以通过观察惩罚和奖励是否完全没有效果来检验，用简单地回归到均值的方法就可以对这些模式进行解释。这里我们似乎喜欢用数学统计结果来对物理现象作出解释。

下面是另一个例子。你向空中扔出一把上面写着很多“英语”的小木条。小木条一边下落一边翻转、旋转。现在，在最低一根木条接触到地面之前你用相机抓拍一张所有木条在空中分布的画面。你会发现，接近水平姿态的木条明显要多于接近垂直姿态的木条。这是为什么呢？这是因为木条呈近水平态的方式要比呈近垂直态的方式多得多这一数学事实。（试想一下，一根中心固定的木条，垂直状态只有两种，而水平状态则可以有无限多种，对于接近水平或垂直的状态，这种不对称性同样存在。）

这些物理现象的数学解释提出了一些有趣的问题。它们是真正的非因果性解释吗？这个数学事实真的算是一种解释吗？关于数学现象的数学解释，我们能从这些物理现象的表观的数学解释里得到些什么呢？

此前我写过（直到最近我才想好）理解恰是解释的另一面：“理解”正是对我们从解释中所得到的东西的一种指称。不过现在，我开始认为这是一种过于严格的理解概念，虽然解释是通向理解的一条途径，但它不是唯一的一条。这一思想的较激进的表述形式是：存在很多种解释所不能提供的理解形式。而不那么激进的形式则是，解释所能提供的理解形式通过其他途径也可以获得。虽然我不想将理解的概念扩展到那么远，以至于使它失去了任何有趣的内容，但这两种形式都让我感兴趣。因此，用科学理论进行工作可以提供一种知其然的知识，它无异于一种理解现象的形式，但这种形式有别于解释所提供的理解。至于不那么激进的思想，就像解释的大多数有益于认知的特性那样，都可以用其他方式取得。

暂且以确定论的思想为例。这种思想认为，解释可以通过证明某种现象必然发生这一点来提供理解。有时我们可以证明其必然性，以至于无需解释就可以提供这种理解。譬如，我们通过体会伽利略精彩的思想实验就可以理解为什么重力加速度与质量无关。假设重的物体加速得要比轻的物体快，那么如果用绳子将重物与轻物绑在一起，从两个物体的质量关系上考虑，轻的物体就会使重的物体的加速度变慢，因此两个物体一起下落的加速度应该小于重的物体单独下落时的加速度。但如果将绑在一起的两个物体看成一个物体，其质量显然要比单独一个物体的质量大，因此两个物体一起下落应比单独一个物体下落的加速度大。但是系统的加速度不可能同时既快又慢，所以物体下落的加速度必定与其质量无关。

由于采用的是归谬法，因此这个思想实验本身似乎并不是一个解释，它也没有提供一条通过对思想实验的解释来增进理解的道路。通过对伽利略论证的分析，我理解了为什么加速度必定与质量无关，但如果你要我解释一下为什么加速度与质量无关，我做不到。我能做的就是给你这个思想实验让你自己去分析。对于物理现象，如果我们能够不经解释就获得理解，那么对于数学的理解是不是也可以这样呢？这种推理似乎有一定道理，虽然伽利略的例子在此并不适用，因为尽管在物理的情形下我们能体会到从知其然到知其所以然的过程，但正如我在前面提到的，这个过程对于纯数学的情形并不适用，因为在这里必然性已经是单纯知识的一部分。

虽然我提出的关于数学理解的诸多问题没有时间在此细谈，而且也超出了这次研讨会的议题范围，但我想另外再提两点来结束我的发言。这两点都来自我自己的工作，它们可能会在物理解释与数学解释的比较方面提供某些启发。首先是解释的相关性问题。有一点我们都耳熟能详且很在理，那就是一个好的解释不是由现象单独能够确定的，它还取决于问这个问题的人的兴趣和知识背景。例如，一个好的答案通常需要给出询问者所不知道的某些知识。

在有关物理现象解释的因果模型的语境下，由于因果链的疏密程度的原因，显然需要考虑与兴趣有关的因素。在每一种现象的背后有无数的原因，但不是所有这些原因都是解释性的。因此，虽然电脑死机能够解释我的学生的论文为什么交迟了，但宇宙大爆炸就不是这样，尽管它是每个事件的因果链的一部分。此外，同样的原因对这个人可能是解释性的，但对另一个人则并非如此。对此我们可以从文献里举个例子。假设麻痹症的唯一原因是未治愈的梅毒，但大多数带有未治愈梅毒的人都没染上麻痹症。一个人可能会发现这个解释是成立的，因为他被告知史密斯患有麻痹症是因为他带有未治愈的梅毒，而另一个人则可能完全拒绝这种解释。

53 与兴趣有关的某些方面可以通过对“为什么”一类问题给予更多的结构来很自然地分析。对于许多“为什么”类的问题不宜采取简单的“为什么P？”的形式，而是采取“为什么P而不是Q？”这样的有对比的形式。作为陪衬的Q的选择造成差异，这样不同兴趣的人就可以选择不同的Q。因此，如果实际问题是为什么是史密斯而不是琼斯患上麻痹症，这里琼斯并没有染上梅毒，那么援引史密斯的梅毒症就会是解释性的；但如果问题是为什么是史密斯而不是多伊患上麻痹症，这里多伊和史密斯一样也患有梅毒，那么上述答案就不具有解释性了。（因为你的对话者会反驳：“但多伊也患有梅毒。”）在我看来，大多这类对比性问题会产生一种三角关系，它标志着解释性与非解释性原因之间的区别。粗略地说，在这些情形下，解释所需要的是P的使P与Q之间“产生差异”的原因是什么。P的这个原因在Q上看不到。史密斯的梅毒解释了为什么是他而不是琼斯得了麻痹症，但它不能解释为什么是他而不是多伊得了麻痹症。因为琼斯没患梅毒而多伊与史密斯一样患有梅毒。这套句型是否可以移植到数学解释上来呢？我们可以推测说数学上也有各种形式的兴趣相关性。但是否有场合用于对比分析呢？如果是的话，我们又如何选择帮助区分解释性和非解释性的信息的对比对象呢？

最后，我还要提一下我对“最佳解释推理”这个问题的兴趣。有人认为科学家（和普通民众）似乎经常用解释性思考来引导推断。他们之所以推断认为某个假设是正确的，是因为尽管在逻辑上它不是唯一与证据一致的假设，但如果它是对的，那么它便能为此证据提供最佳解释。如果我们想表达这种思想，那么我们需要做的事情之一就是对“最佳解释推理”这句口号里何谓“最佳”做深入研究。例如，我们是否应该将“最佳”解释理解为最可能的解释？或者说应该把它理解为“最可爱”的解释，就是说，如果它正确的话，那么它便提供了最大程度的理解？

最可能的解释似乎是一个显而易见的选择，因为我们都希望我们推断出的结论具有较高的可能性。但我认为，在这种情况下，这是个错误的选择，因为它可能使得解释者的想法几乎是空洞的，我们可以将它还原成这样一种说法：科学家推断他们所采取的是最可能的假设。最佳解释推理这一想法的最初的吸引力是它会给科学家们的推理实践带来光明，但要说科学家们喜欢采取最可能的假设那是失之偏颇了。如果我们选择“最可爱的”解释，那么我们会得到一种更有趣的推理。我们远不能简单地说科学家都倾向于认为那种“如果它正确，它就能提供最大程度的理解”的解释一定也最有可能是正确的解释，甚至可能是近似正确的。那些发现这种思想脉络很有吸引力的人将面临很艰巨的任务，因为他们现在需要说清楚是什么让一种可能的解释比另一种更可爱。

在数学推理中，最佳解释推理这个概念行得通吗？这似乎不太可能，因为最佳解释推理意味着对非证明性推理给予不完整的解释，而在数学领域，推理至少是演绎的。当你有了一个证明后，谁还需要求助于推理这种软弱无力的概念来得到最佳解释？但是如果我们从发现而非辩护的语境来看问题，事情就不同了。尽管数学研究的启发绝非一种证明性过程，但像最佳解释推理这样的类似概念有可能是适用 54

的。如果我们对数学理解的本质认识得更清楚一点，这个问题我们也许能够回答。

55 对彼得·利普顿的“数学的理解”的补遗

斯图尔特·夏皮罗

在冈道尔夫堡研讨会上，我们对彼得·利普顿的文章《数学的理解》进行了极为富有成果的讨论。这种讨论是通过提交到研讨会的论文，并结合他和与会者的其他工作来进行的。他敏锐的洞察力和机智，连同他的谦虚和友善的风格，使得讨论变得特别有趣和令人信服。利普顿令人震惊和悲伤的突然谢世，使这一章无法做任何更新或修订。我希望本文为此能够提供一些背景性的工作，以便能够在更广泛的背景下来评价利普顿的贡献。

利普顿是一位科学哲学家，对解释和理解的概念特别有兴趣。他的书《最佳解释推理》（Lipton，1991）现在已快要成为经典——已成为对这一主题感兴趣的任何人的必读书。该书的第二版出版于2004年。这本书——或者说他的大部分工作——的重点，是关于科学的解释和理解。他为研讨会写的这篇文章则是以初步的、有计划的方式，将这些概念和想法扩展到数学上。

正如利普顿在本章中谈到的，*知道*一个给定的命题为真（或如他所说，知道一个给定的现象发生）与*理解为什么*该命题为真（或理解为什么会出现这一现象）之间存在清晰、直观的区别。假设在我们问“为什么”之前我们已经知道了“这件事”，那么解释就是“为什么”

这类问题的答案。亚里士多德(《物理学》,第3章)写道:“人们不认为他们知道某件事情,除非他们已经掌握了其‘为什么’。”这段论述突出了解释的重要性。亚里士多德指出,我们往往不仅仅满足于知道某些事情是真实的,我们希望对它为什么是真实的有一个解释。

有关科学解释的文献可谓源远流长,至少可以追溯到60年前(例如,见Salmon(1990:2006),这本著作涵盖了前40年的情形。更简洁的处理,见Woodward(2009))。主要富有竞争性的模型有三种,它们分别将解释与科学定律(普适的或统计的)、因果关系和统一性联系在一起。

56

概言之,就第一种模型而言,所谓一个事件的科学解释是指从科学定律的角度,加上一些初始条件,来对事件的描述进行推理。从这个意义上说,解释一个事件某种意义上就是要证明这个事件的发生是必然的——按照自然法则,它必然发生。而对于第二种模型来说,解释一个事件就是要给出其因果关系的历史链条。利普顿(1991:2004)偏向于这种解释模型,并且从广泛的意义上来理解所构建的因果关系,但他对其他选项持开放态度。第三种模型将科学解释与自然的统一性联系起来。按照这种图像,适当的解释服务于将各种表观上不同的现象统一起来这一目的。解释应能够证明它们是如何从一个共同的来源导出的。

当涉及数学解释时,问题可以分为两类。一类是数学内部的解释。知道某个数学命题为真与理解为什么它为真之间的直观区别似乎在于该命题在数学内部是如何起作用的,这与科学中的情形一样。某些证明在一些人看来是解释性的，但对于另一些人则不然。在这里，正如在自然科学和在日常生活中所表现的一样，亚里士多德的观点是站得住脚的。

另一类问题涉及这样一种情形：数学事实被援引用作对非数学的事件进行解释。利普顿举了两个例子，都是统计上的。正如他在其他地方所强调的，我们总是被逼着要说清楚待解释的情形究竟是什么，或者如他所说的那样，用于对比的类是什么。我们总想解释为什么一个给定的模式往往会出现：譬如为什么扔出去的木条在下落过程中倾向于水平而不是竖直下落，为什么孩子在受到奖励和处罚后往往会有某种表现，等等。对此情形，他的观点是，模式的解释往往涉及数学定理，如回归到均值（譬如对木条下落的情形我们有测量理论给出的统计事实）；或在其他情况下运用中心极限定理——现代统计理论的主要内容。在每一种情况下，定理均表明，在有关概率的背景假设下，问题中的模式是可能的。

如果待解释的是单个事件，那么情况就要复杂一些。为什么这次大多数木条棒呈水平落向地面？至少在原则上，我们可以用木条下落的初始速度、当时的空气阻力等因素来解释，而不必借助于利普顿引用的几何事实或有关概率的任何考虑。但更务实、更富于启发的做法是注意到我们身边就有现成的例子，根据有关概率和数学的一些基本假设，这种模式就是容易发生。

对于数学事实被引用来说明非数学事件的情形，我们还可以举出其他非统计方面的例子。这里就有一个不费脑筋的例子：假设我们给一个孩子一堆矩形积木块，所有的积木彼此全同，然后要求她用积木搭出一个矩形方格。她尝试了多次之后还是失败了，并开始疑惑为什么她不能完成这个任务。解释是：给她的积木数量是奇数。还有个难一点的例子。我们都知道雨水总是呈雨滴的形式下落，这是为什么呢？这里的解释就不很直接了，涉及表面张力的概念，以及在表面积不变的条件下球形具有最大体积的数学事实。 57

但将前两种模式运用到数学上似乎并不合适。我们当然可以谈数学“法则”，如交换律和余弦定理，但这么说可能仅仅是一种说话方式。在科学和日常会话中，对于法则（如万有引力定律）和纯属偶然的概括（譬如在本书出版之前所有的美国总统都是男性）通常是有明确区分的。但这种区分对于数学似乎并不有效，因为，正如利普顿指出的，每一条数学真理都是必然的。更重要的是，数学“法则”似乎并不起着区分解释性证明和非解释性证明的作用。一般认为，数学中的每一项陈述都由“法则”推导而来。数学“法则”的概念在引用数学事实解释物理现象时似乎也不发挥太大作用。同样，因果关系的概念在数学也难有用武之地。说一个数学命题是另一个数学命题或非数学命题的“原因”是没有意义的。

因此，在科学解释的标准模型中，只有统一模型似乎适用于数学。该模型的主要倡导者之一菲利普·基奇（例如，Kitcher，1989）明确注意到这一点。马克·施泰纳（1978，1980）写过大量关于这两类数学解释的文章，并发展了一个用于统一模型模糊边界的解释（但非常不同于基奇的解释）。这在研讨会上已进行了广泛讨论。

如前所述，在他的《最佳解释推理》一书里，利普顿偏好解释的因果关系模型。在研讨会上，他初步建议，因果关系可能只是依赖关系家族中的一员，解释的概念可能与依赖关系有广义的关联。这一建议有可能将数学带入层叠。这个概念是指数学命题是以某种客观的相互依赖关系存在的。如果是这样的话，那么我们可以认为，对一个数学命题的解释是由它所依赖的那些命题的证明构成的。一个解释性证明也许就是揭示证明的前提与结论之间依赖关系的陈述，而一个非解释性的证明则不需要通过对命题的依赖关系就可以显示其结论为真。

我们不妨走得更远点。假设我们对某些物理事件的理解在某种程度上依赖于数学命题，譬如上述例子中就涉及统计学的模式性质（平铺的可能性）和定理（有关素数的定理），雨滴则涉及几何定理。如果这些关系是真正的依赖关系，那么我们就可以将物理现象的数学解释也带进层叠中去。

吉迪恩·罗森在研讨会上的文章里也援引了命题之间的客观依赖性关系，特别是包括不同领域（包括数学）命题之间的相互依赖性关系，虽然罗森的旨趣是在形而上学方面而非解释的理解方面。罗森曾和利普顿以及我们中的其他人就某些哲学问题的各种依赖性关系的性质、其客观性及其相关的其他问题有过广泛的交流。

58

罗森提醒我们，著名的逻辑学家和语言哲学家格特勒布·弗雷格（Gottlob Frege）也援引过数学上的客观依赖性关系（例如，Frege，1884：1960）。弗雷格经常用认识论方面的术语来指称这种关系，譬如说“辩护（justification）”“证明（proof）”，有时还用命题的“基础

（ground）”这样的字眼，但他的修辞似乎不在于目前关注的焦点上。他将依赖性关系看成是客观的：

> ……这里我们关心的不是（数的运算法则）被发现的方式，而是它们的证明所赖以成立的基础，用莱布尼茨的话来说就是，“这里的问题不是要叙述我们的发现的一段历史，历史的东西在不同的人看来是不同的；而是在谈各种真理之间的联系和自然秩序，这对所有人始终都是相同的。”
>
> （Frege（1884：1960，§17）；
> 莱布尼茨，《人类理智新论》，Ⅳ，§9）

弗雷格的依赖性关系也是不对称的：不主张命题基础本身；如果一个命题是另一个命题成立的基础，那么第二个命题就不是第一个命题成立的基础。他试图证明算术和分析是逻辑的一部分，理由就是这些学科的基本命题依赖于一般的逻辑规律和定义。

如果我们认为弗雷格一直在寻找的就是算术的和分析的命题的合理解释，那么我们可以把弗雷格要实现的主张放在利普顿和罗森建议的模式中来考察。弗雷格对知道某个命题为真这一点并不满意。怀疑论和虚构主义暂且不论（见玛丽·伦写的那一章），毫无疑问，我们都知道这些命题。弗雷格试图弄明白的是这些命题为什么为真。而这个问题的回答有赖于算术和分析命题所赖以成立的命题。他的建议是，他提供的有关算术和分析的基本原理的推导是解释性的证明。

正像书的标题《最佳解释推理》所指明的，利普顿的思想所特别关注的一个问题是最佳解释推理。这个思想是，科学家之所以往往会推断出一个给定的命题是真的，或可能是真的，只是因为它对于某个现象的解释是最佳的，或像利普顿所说的那样，是“最可爱的”。他用数学并不采用最佳解释推理的建议来结束他的这一章：

> 在数学推理中，最佳解释推理这个概念行得通吗？这似乎不太可能，因为最佳解释推理意味着对非证明性推理给予不完整的解释。而在数学领域，推理至少是演绎的。当你有了一个证明后，谁还需要求助于推理这种软弱无力的概念来得到最佳解释？（第 54 页）

随后，他简要地建议我们将思考从辩护的语境转移到发现的语境。

59　然而，就前述所勾勒的广泛的弗雷格图像而言，为了发现最佳解释推理在数学中的作用，我们可能不必离开辩护的语境。利普顿—罗森—弗雷格的意思是，一些数学命题建立在或依赖于其他一些数学命题。正如弗雷格指出的，回溯不可能永远持续下去。有些命题本身就是数学大厦的基础，不可能再用其他东西来解释，它们是公理。在文章的前半部分，利普顿表明，当涉及专有的公理时，不存在合法的“为什么问题”，或者至少是不存在合法的“为什么问题”的答案：“因此，人们可以认为，对数学的理解正是源自数学公理这种特定的认知状态，这些公理就是回溯的终止点。”

但是，公理是如何被知晓的呢？传统的观点是，公理是“自明”

的。对公理的全面、完整的理解立即引起对它的辩护的问题。不过在我看来，当涉及现代数学时，这种传统的基础主义观点是无法真正站得住脚的。作为公理而呈现的一些命题并不显然，夸张点说，要全面和完整地理解它们，就要证明它们（见Shapiro，2009）。或许我们可以说，至少有些公理之所以被选择出来，并不是因为它们具有任何内在的或自明的证据，而是因为它们可以带来好的，或就像利普顿说的那样，可爱的对定理的解释。这是一种整体论的图像。在数学的良好系统化分支里，定理被证明依赖于公理。用亚里士多德的术语来说就是，定理的“为什么”最终取决于公理。当我们转到公理上来，并问它们为什么为真时，或至少是问我们怎么知道就是它们时，答案是，它们提供了对定理的最佳解释。

61

第 6 章 数学中的创造和发现

玛丽 · 伦

数学哲学的一个重要作用就是对数学领域的现象做出解释，就是说，要对研究数学是一种什么样的感觉作出说明。这种现象的一个方面是数学家们常常认为他们是在发现数学实在的性质，而不是创造或发明这种性质。鉴于数学实践的这方面原因，一种自然的假设是：数学家是在研究数学实在，这种实在既独立于人类的创造性的决定，也独立于我们关于实在的信念。这一点与物理学家研究物理实在有异曲同工之妙，物理实在的本性也不依赖于我们。如果我们接受这个假设和基于它的类比，那么问题就来了："这个数学实在的本性是什么？我们是如何可能获得有关它的知识的？"

认真对待与物理科学的类比带来这样一种暗示：数学家研究数学对象，探究的是数、集合等的性质，就如同物理学家研究原子的性质一样。但是，如果存在一种独立存在的、非物质对象的、远离并高于我们自身所居住的物理时空领域的数学领域，那么数学知识如何可能的问题就变得迫切了。我们关于物理领域的知识源于我们作为肉身的生命与物理对象之间的互动，但数学知识的获取能用这种类比来理解吗？数学家G. H. 哈代将数学发现描述为对数学实在的观察：

> 我相信，数学实在在我们之外，我们的作用就是去发现它或观察它。我们所证明的，以及我们大言不惭地描述为我们所“创造”的定理，其实只是我们的观察记录。
>
> 哈代（Hardy，1940）

但这种将数学发现看成是对数学领域的观察的解释站得住脚吗？[62]

当然，柏拉图认为，数学领域的知识可以被解释为直接“观察”的结果。根据柏拉图的观点，数学对象属于永恒的形式领域，它由不朽的、无形的灵魂直接感知。这种感知在作为血肉之躯的人“出生”之前就有了。作为灵魂的物质化身的我们所具有的数学知识是我们通过对这种形式的直接经验的回忆而获得的（柏拉图，《美诺篇》，81d ~86c）。我们通过数学探究所获得的定理使我们能够记得我们先前对该数学领域直接观察所获得的结果。然而，很多人会发现，关于数学实在知识的这种解释很难让人接受，它需要某些关于心身的强有力但含潜在问题的假设作为前提。也许在最佳解释推理的基础上可以对类似柏拉图上述图像的某种观点进行辩护，因为它尽管听起来可能令人难以置信，但最终必定被接受为说明数学发现这一现象的唯一好的办法。然而，在选择这种解决方案之前，有必要对所提出问题中的现象究竟指什么进行研究，以便考虑哪一种解释是可行的。

究竟是什么使数学家感到像个发现者？哈代所说的发现差不多是关于既定数学理论中定理的发现。但数学家当然也会创建/发现新的数学理论，用以证明定理。因此我们必须考虑，在这些发现中，是否有一种可以被称作是对独立于心灵的、存在于非物理时空的数学对象领域的本性的发现。

有人可能会认为，全新理论的发现为这种数学领域的存在提供了最佳证据。毕竟，某种数学理论的公理或基本前提一旦确立下来，我们对数学定理的发现便是一种由这些前提所导致的发现，或者至少是乍一看，这种“如果……会怎样”（进而“如果数学公理为真，那么什么东西必定为真”）的探究事实上并不需要数学公理以某个基本的数学实在为真为前提（后面还将对此详细讨论）。另一方面，在发展新的数学理论时，数学家往往有意识地为这些理论寻找一些基本假设，并认为这些假设真实描述了数学实在的某个重要方面，而不是以只求结果的态度简单地凭空设立理论假设。数学实践的这方面的现象是不是真的为存在一个独立的数学对象领域提供了有力的证据了呢？

事实上，我认为，从反柏拉图主义者的角度来看，理论发展的现象学实际上要比理论内部数学证明的现象学更容易得到解释。如果对数学发现的现象作出解释需要我们预设一种“实在”来作为我们进行 63 数学判断的基础，那么我认为，这个实在不是数学对象领域，而是逻辑结果所在的客观事实领域。至于我们所关心的数学理论化过程中所呈现的发现意义上的理解问题，有待解释的真正难题（事实上，甚至在我们考虑普通的经验推理时，这个难题已经出现）是维特根斯坦所说的“逻辑必然的硬度”（Wittgenstein，1953：2001，Ⅰ，§ 437），而不是数学对象领域的存在性问题。[1]

尽管如此，还是让我们从理论的发展开始讨论。毋庸置疑，一种新数学理论假设的选择通常远不是随意的，事实上，适当的理论假设的发展往往理所当然地被看作一种显著而极不平凡的成就。但这就要求我们将新数学理论的发展看成对独立存在的数学对象领域的描述吗？

我认为，来自数学实践的证据反对这种观点，认为它对我们的理论发展施加了约束。这些证据不要求我们设定一个有待发现的数学对象领域来解释我们的发现。因为在很多时候，数学理论是作为我们给自己设定的问题的解决方案而得到发展的，在这里，问题的约束条件足以缩小可选解的选择范围（甚至常常只有唯一的解）。我们不妨以W. R. 哈密顿发现四元数为例。他告诉我们，"（这个想法）在1843年10月16日开始走入我的生活，或像灵光闪现，并充分发展成熟"（引自Tait，1866，第57页）。哈密顿灵感闪现的瞬间（指他发现公式 $i^2 = j^2 = k^2 = -1$，并兴奋地将这个公式刻在布鲁厄姆桥的石墩上）难道是他前世灵魂所思考的真理突然再现？

事实上，正如哈密顿自己描述他15年来孜孜不倦地通过类比二维复数来发展三维四元数的加法和乘法法则时所说的那样，他的瞬间灵感看成在他所设定的问题在给定约束下问题解的突然实现更为

1. 这并不是说在数学实践上不存在可能需要我们假定数学对象的存在性的方面。事实上，如果我们回到数学的适用性问题，那么我们可能需要考虑科学的确认是否成立，这不仅是说我们有关数学对象的假设的结果要有客观事实依据，而且这些假设的某些方面事实上确实为真。

恰当。哈密顿的目的是要通过类比二元数组$x+iy$来为形如$x+iy+jz$这样的三元数组找到运算法则（其中 j 是有别于 i 的−1的平方根）。他给自己设定的约束是满足“等模法则”：两个三元数组乘积的模应等于这两个三元数组各自的模的乘积，即，如果（$a+ib+jc$）·（$x+iy+jz$）$=u+iv+jw$，那么等模法则要求（$a^2+b^2+c^2$）·（$x^2+y^2+z^2$）$= u^2+v^2+w^2$。事实上，如果假定乘法法则仍满足通常的交换律和结合律，这个约束是不可能得到满足的。然而，哈密顿发现，如果我们放弃乘法交换律，那么[64]在某些特定条件下等模法则还是有可能成立的，只要乘积$i \cdot j = -j \cdot i$且二者均不为零。这一点有效地促使哈密顿沿着这样一条思路去寻找出路：乘积$i \cdot j$的唯一可能的值是第三个虚数k。

哈密顿最初给自己设定的问题无解，而四元数系的出现成为尽可能多地满足哈密顿原始约束的最佳方式。事实上，如果我们将问题预先设定为将乘法扩展到一个基于−1的n次平方根的数系，同时保留结合律和等模运算法则，那么这个问题有可能只有三个解——即$n=0$（实数），$n=1$（复数）和$n=3$（四元数）——就是一个逻辑结果的问题，而不是一个数学“事实”。

在比哈密顿的这个事例更平淡无奇的数学理论的发展进程中，我们常常发现，公理化受到这样一种约束的制约：需要提出一套满足业已熟悉的数系或经验系统的基本要求的假设系统。例如，欧几里得提出的几何公理就以满足物理空间中有关点和直线的真理为前提，并通过对如下问题的检验而被“发现”：这些问题被假定用来证明关于点、线和几何形状的性质为真的许多其他结果。除了物理解释，有关数学上熟悉的对象的公理的发展也是普遍的，例如，戴德金−皮亚诺公理的发展过程就是如此。这里，公理化受到要求被公理化的结构是一个ω序列（ω-sequence）的约束（详见本书第162～165页）。事实上，数学上熟悉的对象的公理化往往最初是作为定理出现的，例如，有关我自己偏爱的那种“数学实在”—— C^* 代数 —— 的公理最初就是作为盖尔范德-奈马克（Gelfand-Naimark）定理的一部分出现的，它表明，这些公理定义在希尔伯特空间上有界算子代数 $B(H)$ 的同构子代数上，其结构已经独立于数学的兴趣。

在所有这些情形里，我们受到使系统被构建的那种东西的约束。而这种约束显然会导致这样一种感觉：在构建形式理论时，我们是“做对了”。在这种情况下，公理会让我们感觉到是“真确的”，而不仅仅是方便的或有趣的，而且即使我们不考虑使公理为真的那些对象的存在性，这种真确性的感觉也是可以理解的。在这些情形下，怎样才算做对一件事，这要取决于我们为自己设立的约束（要求我们给出一种满足不同假设的结构）。我们不必（尽管我们可以这么做）将这些约束看成是由那些被理论断定为真的独立对象所施加。相反，作为一系列最初假设或约束的结果，新的公理化能够以在已确立的理论的语境下定理所起作用的方式来产生。在每一种情形下，真正重要的数学发现似乎都是作为这样一种假设的结果的发现。 65

让我们回到那种在不接受公认假设（如公理）的背景下所发生的数学理论化的情形。在范式情形下，这样的推理是演绎性的，相当于用公理来证明定理，尽管在此情形下也有运用溯因推理的余地：数学家会这么来推理，假使他们的假设成立，那么这样或那样的结果很可能就是真实的。就眼下由公理推得的演绎证明的情形而言，我们能够考虑从下述意义上可以得出什么样的结论：数学家常常认为他们从事的是发现而不是创造数学结果的活动。那些从事定理证明的数学家真的发现了由他们的假设所导致的已经确定的结果了吗？或者是否可能存在这样的情形，尽管给人很强的发现感，但他们实际从事的是在公理与某种意义上尚不“存在”的定理之间创造某种联系？如果数学家从事的是发现而不是创造，那么这对于我们关于数学的本质的观点会有什么样的影响呢？特别是，这种发现是一种对独立于心灵的数学对象王国的发现吗？另一方面，如果我们选择将从公理出发的演绎证明看作一种创造而不是发现，那么这种观点能够与数学证明的客观性以及数学推理的适用性的观点不相冲突吗？

一种自然的思路是：是的，演绎数学推理是客观的，它引导我们去发现我们的数学假设的逻辑结果。但是，这种客观性与是否存在一个独立的数学对象王国无关，它完全是逻辑客观性的结果。毕竟，在数学假设$A_1, \cdots, A_n$基础上进行的得到定理P的推理，我们不是在证明P为真，而是说，如果$A_1, \cdots, A_n$，那么P。这种条件断言并未断定数学对象存在。其真实性，我们可以假设，完全取决于下述事实，即P是$A_1, \cdots, A_n$的逻辑结果。根据这种认识，关于从公理出发的数学证明的被感知的客观性没有什么特别的地方，它不过是一般演绎推理的客观性的一种特殊情形，一种完全取决于“从……得出……”关系的客观性的情形。此外，正如我们所看到的那样，那种导致发展出新的数学理论的推理也可作类似的理解：虽然这种推理不是从公理出发，但它仍然受到建立在预先形成的数学假设的结果和/或必要条件所确立的逻辑约束的支配。

然而，这种看似很满意的立场是有问题的。一旦我们考虑从$A_1, \cdots, A_n$得到P的断言在逻辑上到底是什么意思时，这个问题便产生了。我们当然不是要从中得知，采用一套公认的推理法则可以从$A_1, \cdots, A_n$推得P。首先，我们知道，这种分析并不能把握我们通常的逻辑结果的概念：理解二阶皮亚诺算术公理。哥德尔第一不完备性定理告诉我们，对任何一套我们能够制定出的（标准的）推理法则，存在一个（二阶）皮亚诺算术语言的句子G，这个句子逻辑上可从这些公理推得，但它不可用我们所选择的法则推得。但即使不考虑哥德尔定理带来的麻烦，我们也应该在对那种关于其逻辑结论的事实依赖于一套选定的推理法则的逻辑结果进行分析时保持警惕。毕竟，使得一套推理法则成为好的法则的正是（据推测）因为这些法则尊重逻辑结果的事实，而不是相反。

66

所有这些简单说来就是：有关基于数学推理客观性的逻辑结果的概念都是关于语义结果的概念，而非*句法*结果的概念。在语义的相关意义上，P是$A_1, \cdots, A_n$的逻辑结果当且仅当下述这一点在逻辑上是不可能的：当$A_1, \cdots, A_n$全为真时P为假。但这种分析只是用另一个逻辑概念（逻辑可能性）来替换一个未定义的逻辑概念（逻辑结果）。如果我们的问题是"什么东西基于逻辑结果的客观性"，那么肯定会在逻辑可能性上出现一个类似的问题：对于一个句子的逻辑可能性或不可能性归结为什么的问题，我们能说什么？

这里正是我们关于数学推理客观性的令人满意的观点的困难所在。可以说，对于逻辑可能性，可用的最佳分析是数学分析：句子P在逻辑上是可能的，如果存在一组理论模型，在其中这句话被解释为一个真理。在这种分析中，P是A_1，…，A_n 的逻辑结果当且仅当在所有使A_1，…，A_n为真的模型中，P也为真。如果这种分析是正确的，那么与逻辑结果有关的客观事实的存在性便归结为数学对象（集合理论模型）的存在性。因此，数学发现的客观性终归依赖于数学对象的客观性，我们被带回到如何解释我们关于这些事情的知识的困难上来。[1]

对于逻辑可能性是否存在其他可用的分析方法呢？人们在对待逻辑上可能的具体世界时可能会试图避开抽象的数学对象。但是，即使我们能够以尊重我们对逻辑可能性的直觉这样一种方式来搞懂逻辑上可能的世界里的概念，但如果关于这些世界的事实是建立在数学推理客观性的基础上，那么我们在说明如何能够具有有关"由……得到……"关系的知识方面仍会有困难，因为这个世界被假设为在时空上是与我们自己的世界分离的。由于我们似乎知道关于"由……得到……"的某些事实，因此我们应该对那些基于我们永远无法掌握事实而得到的"由……得到……"的关系保持警觉。

67

这种担忧可能会导致我们放弃所有试图将逻辑可能性还原到更本质东西的努力。事实上，由格奥尔格·克赖泽尔（Kreisel，1967）、哈特利·菲尔德（Field，1984：1989，1991）的讨论可知，我们应当将逻辑可能性看作一种由相关的形式演绎概念和模型理论的一致性导出的独特概念。我们可以通过推导和模型来理解逻辑可能性：我们知道，如果（在一个公认的推理系统内）我们从句子S推出一个矛

1. 据称格奥尔格·克赖泽尔认为，实在论在数学上的问题归结为"数学的客观性问题，而非数学对象的存在性问题"（Putnam，1975：1979，第70页）。如果数学客观性的这种分析是正确的，那么这两个问题终归是不能分离的。

盾，那么S就不是逻辑上可能的；而且，如果（在公认的集合论内）我们可以找到一个模型，其中句子S被解释为一个真理，那么S在逻辑上就是可能的。但是（按克赖泽尔/菲尔德的观点），逻辑可能性是一种由相关的演绎概念和模型理论概念导出的独特概念，因此不应被认为可以还原到这二者之一。相反，菲尔德建议，我们应当将“…… 在逻辑上是可能的”看成是一元逻辑算符，它和一元逻辑算符“…… 则不是这种情形”一样不需要“还原”。菲尔德认为，这二者都应从其推理作用的规定得到阐释，而不是通过还原变成更原始的东西。但请注意，这个解释承认，不可约模态事实的存在奠定了数学推理的客观性。尽管这个解释避开了承认存在抽象的数学对象，但它仍然要求我们接受一种支撑起数学发现的实在（虽然是模态事实而不是抽象的数学对象）。对此我们需要再次问一声：是什么允许我们人类能够具有关于这些模态事实的知识？

但对于数学发现的现象学或许还有另一种回应：也许我们可以接受这样一种感觉：我们对逻辑结果的判断具有独立于人的决定的客观基础，但同时认为这种客观性仍是一种假象。这是维特根斯坦在以其约定论立场处理数学时所采取的一种做法。按照维特根斯坦的观点，不管表观上如何呈现，“数学家是发明家而不是发现者”（Wittgenstein，1956：1978，I，第167页）。在证明数学定理的过程中，我们不是去发现数学假设的结果，而是*决定*是否要将这个被证明了的结论作为新的理论结果接受下来。证明不是要对数学概念的内容进行梳理，

证明是要改变我们的语言的语法，改变我们的观念。它造成新的联系，并产生描述这些联系的概念。（它不是

要确立它们的存在，在它没造成新的联系之前，这些联系本不存在）。

（Wittgenstein，1956：1978，Ⅲ，第 31 页）

也许，不管表观上如何呈现，数学里就不存在有关逻辑结果的客观事实，有的只是人所决定的、总能以不同方式呈献的结果？

68　如果各个数学理论彼此完全独立，从而一个理论做出的“决定”不会影响到另一个理论的决定，那么这种观点也许能够站得住脚。事实上，维特根斯坦自己就认为，跨理论联系本身就有一个如何决定的问题。例如，将自然数嵌入整数等就有一个选择问题（例如，见 Waismann，1979，第34～36页）。但在这里，正如弗里德里希·魏斯曼在他放弃自己的维特根斯坦约定论立场时所指出的那样（见他1982年的论文“发现、创造、发明”），数学发现的现象学强烈反对约定论立场。有太多的例子表明，用某个数学分支下已被证明了的定理可以证明（甚至阐释）其他数学分支所得出的结论。魏斯曼给出了一个有关实数结果在复数域得到解释的例子。且看如下泰勒级数的展开：

$$\frac{1}{1+x^2}=1-x^2+x^4-x^6+\cdots$$

这个展开式对 $|x|<1$ 收敛，对其他所有实数 x 发散。但如果我们在复数域上来考虑实变量 x，即将上式左边看成复函数 $1/(1+z^2)$ 在实轴上的行为，那么上述展开式就可以解释成复函数在 $z=\pm i$ 处有奇点，由复分析的定理可知，任何幂级数展开式只在以原点为圆心、半

径为R的圆内收敛，在其他地方发散。由复函数的这些事实可知，实值函数的表现不可能超乎其外。这样的结果似乎独立于我们的选择，更谈不上是人类的约定。正如魏斯曼所说，这让人感觉到好像实函数事先已经知道存在复数。

与这个问题（我们可以称之为数学在数学领域内的适用性）有关的是数学在非数学问题上的适用性现象。有关数学推理被用于经验预测，而且这些预测被证明是正确的这类事实早已引起人们的充分注意。关于数学适用性的一种观点是，数学适用性的根源在于结构上的相似性：一种数学理论（有时）之所以适用于一类非数学现象，是因为这种非数学实在的结构与数学理论所描述的某种结构存在相似性。但如果在数学推理的每一步中，我们都能自由决定所用的数学理论的哪些对象为真，那么这些自由决定是如何导致准确的预测结果无疑就显得过于神秘了。

因此，这两种现象都与激进的反客观论者对数学推理的解释相矛盾。那么，有关数学发现的现象会告诉我们关于数学实在的东西吗？我认为数学定理不会听命于独立的数学对象王国。但如果我们不接受维特根斯坦的极端约定论的观点，那么最起码我们必须承认，我们的数学发现是建立在关于逻辑结果的客观事实的基础上的。如果我们希望站在克赖泽尔的立场上，认为我们所关心的最终问题“不是数学对象的存在性，而是数学陈述的客观性”（Dummett，1978，第xxviii页），那么我们将不得不承认，有关逻辑结果的事实不可能还原到有关数学模型的事实。如果我们想理解数学发现，我们就必须从这些事实的客观性可能出现的地方来考虑。

69

70 ## 评玛丽·伦的“数学中的创造和发现”一文被感知的客观性

迈克尔·德特勒夫森

对于那些从事数学研究的人来说，将数学研究看成一种发现或观察活动而非创新或创造活动是极其平常的事。哈代和哥德尔就是20世纪数学家中持有这种观点的两位著名人物。

伦与哈代、哥德尔一样，认为发现是我们的数学经验的一个重要部分。不过她认为，最有说服力的“被感知的客观性”是有关逻辑结果的事实的客观性。

在玛丽·伦博士看来，事情之所以没有停滞不前是因为存在如下事实：当代模型理论给出的对逻辑结果的最引人注目的处理以及有关模型的判断，使我们深深陷入将有关抽象对象的知识看成是“被感知的客观性”而非逻辑结果的困难境地。因此，她的结论是，数学的“被感知的客观性”不可能毫无问题地归因于逻辑结果的客观性。尽管如此，她并没有看到一种明显更好的选择。

这可能并未充分展现我们在将逻辑结果的“被感知的客观性”作为数学认识论的基准方面的困难。首先，它没有阐明逻辑结果的不同概念的可能性。如果我们将那些有相关数学经验的直觉主义者和其他种类的建构主义者包括进来，那么在逻辑结果的引人注目的实例有哪些的问题上将不会有共识。事实上，对有些人（例如布劳威尔）来说，在对逻辑结果的判断，无论是直觉主义的还是古典的，对于被直接认作数学思维的那种东西的重要性的问题上，就根本不存在共识。

在结果判断上什么东西被认为是客观的这一点也得到了更多的关注。伦认为是语义事实，但也存在其他的可能性。作为一种数学活动，证明是为了在特定受众中取得特定的反应。这表明，结果判断最终应当反映出证明者判断为预期受众的推理标准的那种东西。不论这些标准是以语义术语的方式来规定，还是以可靠的非语义规定法则的行为举止来规定，这都是一个存在深刻分歧的问题。

71

最后，“被感知的客观性”的复杂性可能被低估了。哥德尔写过，命题“强迫”我们将它们看成是真的。这就是“被感知的客观性”带来的东西？抑或“强迫”只是“被感知的客观性”的一部分？如果是前者，那么被感知的客观性似乎并没有提供多少有关心灵独立的证据。天生的性格，甚至培训所带来的习惯肯定都会引起被“强迫”的感觉。在《算术基本定律》(Frege, 1903: 1962, Ⅱ, §142)一书里，弗雷格正确地警告道，不要将这种感情冲动当作真理的迹象。正如他所指出的那样:“人们只需要用一个单词或符号往往已足够，并且会产生这样一种印象——这个恰当的名称代表某件事情。随着时间流逝，这种印象会变得如此强烈，以至于到最后几乎没有人对这件事情有任何疑问。”

如果被感知的客观性只是一种强迫，那么它就不是描述真理或客观性的一种强有力的标识。另一方面，如果这种客观性还有更多的要素，那么我们就需要知道其他要素是什么，它们是如何给出比单纯强迫作用更可靠的心灵独立的证据的。

72

73

第7章 发现、发明和实在论：哥德尔和其他人关于概念实在性的观点

迈克尔·德特勒夫森

引言

本章研究这样一个问题：我们在获取数学知识方面是否存在某些可用来支持实在论者所持数学观点的特征？更具体地说，这种观点在推理上反映为是否能将下述论断：

Ⅰ. 数学家们普遍相信，他们的推理是发现过程的一部分，而不是单纯的发明，

转换为这样的论断：

Ⅱ. 数学实体存在于人的心灵可接近的纯粹理性世界。

为了方便起见，我将这个论断当作论证的原始出发点。

对于Ⅱ中“理性（noetic）”一词需要给予简短的评论。传统上它

被用来表示某种类型的领悟（apprehension），理解（noēsis[1]），其特点是具有独特的“知识”性质。通常它与“感觉”相对照，后者是指广泛的感性认知（也称“体验性”认知）或直观。要想很准确地确立某些方法来将非感性实在的知识经验与物质对象的感性经验进行对比，以观察二者之间相似还是相去甚远，这个问题既饶有兴趣又很困难。困难在于“理解”的深度在何种程度上才算满足。因此这样的比较是我们主要关注的问题之一。

经验和非自愿性：背景

74

在柏拉图看来，理解的对象是形式。他认为，形式不仅表现为经验，同时也超越经验。另一方面，经验主义者一般则将知识性领悟与对概念（concept）或观念（idea）的领悟联系在一起。这些领悟，如果合乎一定的法则，便构成由对感官体验的抽象而得到的心理表象。

康德非常强调两类表象——直观和概念——之间的区别。他认为，二者之间的重要区别就在于它们在具有判断能力的行为者的控制上处于何种程度。概念被认为是自发的（见康德《纯粹理性批判》，第76页[2]），或能通过判断者自身的知识能动性而变得存在（同上，第439页；Kant，1781：1990，A639/B667）。而直观则不是这样。但最后，康德要求真正的或合法的概念是一致的（同上，第154页；Kant，

---

1. Noēsis，这是个希腊词，意指“才智”“理解”，广义地也可译成“思想”，与后文的aisthēsis（“感觉”）相对。本章中很多地方的“理解”均是指这个词意义上的理解。——译注

2. 这里著录的中译本是李秋零译本（中国人民大学出版社，2011年7月第一版），以便读者查阅。原书著录（书后参考文献索引）为Kant，1781：1990，A50–51/B74–75。另，后文中引用的康德原文的译文均依据李秋零译本，特此致谢。——译注

1781：1990，A150/B189）。因此创建或生成这些概念的自由是一种有约束的自由。

尽管这样，康德看出了在我们对概念的控制与我们对直观的控制之间存在的重大区别（同上，第52页，第107页；Kant，1781：1990，A19/B33，B132）。他将直观及其关系看成是预先给定的，而不处于我们的心灵自发产生的控制之下。另一方面，概念则可以这样来产生，因此不能确保它们一定能由对象来展现。

> ……即便在我们的判断中没有矛盾，它也依然能够像对象并不造成的那样来联结概念，或者并没有一个不论是先天的还是后天的根据被给予我们来赋予这样一个判断以权利；于是，一个判断不论怎样没有任何内在矛盾，也毕竟可能或者是错误的，或者是没有根据的。
>
> 康德《纯粹理性批判》，
>
> 第154页（Kant，1781：1990，A150/B190）1

康德对概念和直观之间的这种不对称性的接受提供了一种与当代关于概念性质的观点相对比的非常有趣的观点。具体而言，它似乎与哥德尔在20世纪40年代、50年代和60年代发表的各种奠基性著作中所提出的关于概念性质的观点（见Gödel，1947：1990）大相径庭。下面我们转向探讨哥德尔的观点。

1. 类似论述见康德《纯粹理性批判》，第18页（Kant，1781：1990，Bxxvi）。

就表象作为其客观性标识的非自愿性这一点而言，哥德尔与康德的意见是一致的。然而，与康德将我们对数学概念的使用看作本质上是创造性的或自愿的[1]不同，哥德尔认为它明显是非自愿的。因此，与康德相反，哥德尔认为，

> ……尽管它们远离感官经验，但我们对集合论的对象确实有某种类似知觉的经验，这一点可以从那些公理强迫我们接受其为真的事实中看出。我看不出有什么理由我们为什么对这类知觉的信心，即对数学直觉的信心，要比对感性知觉的信心弱。
>
> Gödel（1947：1990，第268页）

事实上，哥德尔更看重我们对概念领悟的这种非自愿性。他相信，这种非自愿性有一种类似知觉但仍属于非感官性质的特性。他还认为，它产生知识的途径是一种既独立于我们心灵的自愿行为又独立于非自愿倾向的重要途径。

> 我的印象是……柏拉图主义者的观点是唯一站得住脚的。对此，我的意思是，数学描述了非感性实在，其存在既独立于人类心灵的行为也独立于心灵的倾向，它只能被人的心灵知觉到，尽管这种知觉可能非常不

1. 正如康德所说：……我能够思维我想思维的任何东西，只要我不与自己本身相矛盾，也就是说，要我的概念是一个可能的思想，即使我不能担保在所有可能性的总和中是否也有一个客体与它相对应。是，要赋予这样一个概念以客观有效性（实在的可能性），要求某种更多的东西。但这种更多的东西恰不需要在理论的知识来源中寻找，它也可能存在于实践的知识来源中。康德《纯粹理性批判》，第19页（Kant，1781：1990，Bxxvi，自注）。

完整。

Gödel（1951：1995，第322～323页）

然而，尽管抱有这些实在论的信念，哥德尔还是对约定论的某些观点做出了让步。具体而言，他认为约定论者正确地认识到数学是关于概念而非生理或心理属性的学问（见Gödel，1951:1995，第320页）。他说，他们还正确地相信，从一定意义上说，数学真理的真理性在于其词项（terms）的意义——具体点说，就在于由这些词项所表达的概念（同上）。如果说约定论者在哪儿出了问题，他认为，问题一定出在将这些意义看成是由约定确定的这一点上（同上）。在他看来，这里的真理毋宁说是

这些概念构成其自身的客观实在，这种客观实在性不是我们能创建或更改的，我们只可以感知和描述它。

Gödel（1951：1995，第320页）

由此可见，按照哥德尔的观点，数学概念是被发现而不是由约定行为或其他心理行为和倾向创建的。类似的断言对与这些概念相关的真理同样适用（如上）。在他看来，这些断言的主要依据正是这种非自愿性——与数学概念有关的真理“强迫”我们接受其为真。哥德尔认为，这种非自愿性是它们独立于我们的创造力的信号标志，他认为我们的创造力主要由我们的心理倾向和我们行使自愿的心理行为的各种能力构成。

76

哥德尔的现象学论证

哥德尔原始论证的修正版强调了他将之当作我们的数学经验的广泛的现象学特征的那种属性——即我们的基本数学知识的非自愿性。与原始版本的论证在一开始就阐述的不同，新版本几乎没有对下述事实（如果这是事实的话）——数学家们普遍相信，他们从事的是发现而不是发明——附加任何意义。

他的论证的核心要素是断言：

1. 有关数学概念的命题内容“强迫”我们将其作为真理接受下来，其方式类似于命题内容通过感性经验给我们留下印象的方式。

他似乎还进一步认为，

2. 这种强加的特点最好解释为将其看成是人类的类似于知觉经验的结果，人类的存在和特性均独立于我们的（个人的和一般的）心理行为（例如，约定或规定的行为）和心理倾向。[1,2]

由此，他建议，我们可以正确地推断出

---

1. 但哥德尔明确否认我们的这种对数学真理的类知觉经验是基于感性知觉。称它为类知觉，只是因为它以一种接近于感官知觉作用于我们的方式被给予或强加于我们。
2. 所谓数学概念（至少其中的一些）“独立于”我们的心理行为和倾向，哥德尔的意思似乎是（1）数学概念存在，并且即使没有我们的心理行为和倾向的作用也会继续存在；（2）我们的心理行为或倾向的任何变化不会自动导致这些概念的性质的改变。

3. 数学概念对我们施加一种非感官认知的影响，它们的存在和性质均独立于我们的心理行为和倾向。

因此，对我们的总体数学经验的最合理的考虑意味着

4. 数学信念是关于我们发现而非（例如通过规定或约定的行为）发明或创造的客观存在的事物。

总之，这便是哥德尔的论证。这种论证提供了一种比原始论证更加宽阔的表达。我觉得最有趣、最独特的是它诉诸一种假想的、与我们的数学判断（或至少是部分）有关的“强迫（forcedness）”现象，以及这样一种观念：将这种现象用作数学概念的客观实在性的证据。在下一节里我将更仔细地考虑哥德尔的上述推理，并试图通过某些方法来说明为什么它在论证数学实体的实在性问题上不同于早先的论证。

77

“强迫”作为实在的一种标识

哥德尔的语言，特别是他关于数学命题“强迫我们视其为真”（Gödel，1947:1990，第268页）的陈述提出了一种广泛的现象学式的推理。更具体地说，这种推理超越了我们对某些命题的明显性（evidentness）的经验。

哥德尔似乎一直特别关注基本的或原始的数学命题——那种其强迫性似乎不能由其明显隐含在（其他）强迫性命题中的那种东西来

解释的命题——的明显性。不管怎么说，这似乎就是他在指出不仅集合论的某些命题强迫我们视其为真，而且集合论的公理也是如此时他心里所想的东西。[1]

哥德尔似乎考虑过，我们在数学明显性方面的某些特定经验对揭示下述问题相当灵敏：至少有一些命题是以一种类似于感觉命题通过感官经验“强加于”我们的方式“强加于”我们的。他似乎一直将这一点看成是数学实在的外部标识，这种标识是我们通过广泛的经验可以接近的。

> 存在——除非我错了——一个由全部数学真理构成的完整世界，我们只能通过我们的智慧来接近它，它的存在就像物理实在世界的存在，二者均独立于我们，二者均由上帝创建。
>
> Gödel（1951：1995，第323页）

当然，这种推理也带来了许多问题。其中一些是：

78

Q1：外部实在的标识对于我们对感觉命题的强迫性的经验有多可靠，有多少启迪作用？

---

1. 哥德尔的确切表述是“（集合论的）这些公理强迫我们视其为真。”“哪些”公理？是哥德尔假设的存在一种唯一的，或可能是唯一最好的，集合论的公理化？我想未必。假定有一集合论语言L，那么下述两个断言——认为（1）存在可用L公式化的命题的可识别的集合Π，这些命题的明显性不由可用L公式化的其他命题导出，和（2）不是Π的所有元素都需要甚至应该被视为集合论公理化的公理——不必一定是不一致的。例如，有可能存在这样一种情形：Π的元素之间逻辑上有重叠，这使得将所有这些元素看成是集合论公理化的公理变得没有必要，甚至是不良的。关于集合或集合的不同概念还有可能存在其他思路，譬如采用将Π的特定元素与特定概念相联系的方法来划分Π的元素，等等。

Q2：基本数学命题的强迫性与作为外部实在标识的基本感觉命题的强迫性之间的类比有多可靠，多广泛？[1]

Q1探究的是称为强迫性的感觉判断性质与引起这个性质的外部源的存在性之间的有证据的联系。对这种联系的肯定似乎需要这样一种信念：感觉判断的强迫性最好被解释成能量的某种转移——具体说来就是能量从感觉主体之外的感觉刺激源转移到感觉主体上。

按照这样一种理解，是不是感觉判断的强迫性现象就成为一种可靠的外部实在的标识了呢？我认为，这里我们需要区分两种类型的这种可靠性。一种是我称之为存在可靠性（*existential reliability*），或曰与强迫经验的外部信号源有关的可靠性；另一种我称之为属性可靠性（*attributive reliability*），或曰与带给我们感觉判断的外部源的特征有关的可靠性。

当然，有关存在可靠性和属性可靠性的例外情形，我们可以在有关感官知觉的文献中找到，这里我就不一一细述了。但我可以简单地指出一点，像某些幻觉那样的准感觉经验提供了不少案例，其中强迫性经验不是外部实在的现存的可靠标识。同样，光学错觉的著名案例则提供了属性可靠性的类似关切。

除了这些方面，我还应提到三种其他情形。第一种情形与我们对

---

1. 当然，比Q1或Q2更基本的问题是如何理解感觉命题概念这样一个困难问题。我不打算在这里谈这个问题，因为我的重点是关于Q1和Q2及其与强迫现象的关系问题。

“强迫”的理解有关。当哥德尔说我们的数学经验包括命题迫使我们接受其为真的经验时，他要表达的是什么意思？一种自然的解释兴许包括以下含义：P迫使我们接受其为真意味着我们形成了一种可陈述为P的信念。

这就提出了一个重要问题——哥德尔关于所谓数学“知觉”的认识。它之所以成为问题是因为感性知觉似乎不支持上述含义。也就是说，我们有一种可陈述为P的感官经验（例如，一条线段比另一条长的经验）似乎并不意味着我们形成了一种可陈述为P的信念。有不止一种著名的幻觉（例如，蓬佐幻觉和米-勒莱尔幻觉）让我们感觉到一条线段比另一条线段长而我们并不相信它真的如此。

就是说，在感性知觉上，我们能够有一种可陈述为P的经验，但我们无法判断或相信P是否为真。感性知觉似乎是这样一种领悟形式：不是它所呈现的所有内容都像其呈现的那样真实。哥德尔的数学“知觉”是不是也同样如此呢？也就是说，数学知觉能够在某种意义上“给出”一种不管怎样都不会强迫我们信其为真的情形吗（哪怕这种方式是人为给定的）？ 79

我不知道这个问题的答案，但这里我主要关注的不是问题的答案，而是问题本身。它展现了——如果我没有弄错的话——由Q2带来的一种特定的困难，一种我们做任何尝试——例如哥德尔尝试在感性知觉与数学领悟的类知觉形式之间进行类比——都必须面对的困难。

这个困难既不是唯一的也算不上是最严重的困难。我认为，更麻烦的是由内容虚假却强迫我们信其为真的那些感官错觉所带来的问题。这方面的一个著名例证是阿德尔贝特·艾姆斯的“扭曲的房间”。如果我们以非立体的方式来看（例如通过一个窥视孔来看）这个房间，那么它看起来就像一个由矩形窗、一方平整的水平地面以及高度和深度均相等且规整的矩形墙面构成的“立体”房间。

但当我们将几个普通对象（例如一个正常高矮的成年人和一个正常高矮的小孩）安置在房间的两侧并分别对其进行拍照，然后将照片合并成一张图像时，怪事便出现了：（例如）孩子会显得比成人还要高。

当然，事实真相是艾姆斯的房间不是普通的立体房间，尽管其外观看上去像。它的看似矩形的窗户、墙面和地板其实都是梯形的，它的墙面的高度和深度不是各处一致的，地面也不平整。这样一种看起来正常，在熟悉的对象被放置其中仍显正常的幻觉暗示我们，心理倾向能够对知觉产生影响[1]。正如R.L.格里高利所描述的那样：

> 显然，我们对矩形房间是如此习惯，以至于我们在观察对象时想当然地认为显得怪异的是物体（人体）的大小而不是房间的形状。但这种情形实质上是一场赌博——实际情形既可能是二者中有一个怪异，也可能二者都怪异。在这个例子里，大脑押错了赌注，因为实验者事先做了局。事实上……艾姆斯扭曲的房间的最有趣的地方是它

1. 回顾可知，哥德尔曾坚持认为，“数学描述了一种非感性的实在，其存在独立于人类心灵的行为和倾向，只可以被感知”（Gödel，1951:1995，第323页，楷体强调为本文作者所加）。

蕴含的意义：知觉总是将宝押在可获得的证据上……妻子就不会因这种房间而看她们的丈夫显得怪异——她们看到自己的丈夫是正常人，真正奇怪的是房间的形状……（而）熟悉这种房间的人，特别是触摸过其墙面的人……会逐渐减低对其他对象的扭曲效应，并最终变得看出是什么造成了这种扭曲。

格雷戈里（Gregory，1969，第180～181页，其中括号为本文作者所加）

因此，从某种意义上说，在某些情况下，感官知觉会将虚假内容“强加于”我们，让我们信其为真。而且，它这样做是通过深层次心理倾向的操作而非仅仅通过所涉物质对象的客观属性来完成的。 80

任何企图在感官知觉与数学领悟这样一种类知觉的形式之间建立类比的尝试都必须解决好这样一个问题：在数学知觉上是否存在像艾姆斯“扭曲的房间”这样的现象？具体来说，我们必须考虑：(1) 虚假内容是否像真实内容一样迫使我们信其为真；(2) 强迫现象作为外部对象的存在和特征的标识是否比深层次心理倾向的存在和工作机制更可靠；(3) 是否存在一种类似于“扭曲的房间”情形中影响感觉判断的影响数学知觉的“熟悉”或“养成（training）”现象；[1]（4）在可靠性与偏好这种熟悉/养成的信念选择之间是否存在一种系统的关联；（5）是否存在一种可靠的唯象方法用以对由外部对象的影响产生的强迫与源自心理倾向活动而产生的强迫进行区分。

此外，还有其他问题。一个问题是一种态度何时可以被鉴别为确实是接受一项命题内容为真的态度。接受可分为各种不同的类型、程度和方式，接受的对象也千差万别。因此，单纯将我们认定事物的意识当作接受事物的态度似乎并不能给确定强迫行为的确切性质和最终来源提供指导。我们的大部分被迫接受的经验无疑是由于长期复杂的而且主要是各类无形的熏陶所现成的，我们通常根本就不知道其性质和来源。弗雷格对我们的许多判断背后所基于的习惯影响持有一种特别不连贯的观点：[2]

81

> 人们只需要用一个单词或符号往往已足够，并且会产生这样一种印象——这个恰当的名称代表某件事情。随着时间流逝，这种印象会变得如此强烈，以至于到最后几乎没有人对这件事情有任何疑问。
>
> 弗雷格（Frege，1903：1962，第2卷，§142）

---

1. 我认为，我们应该认真对待熟悉/养成因素对数学上信念选择的可能作用。这里虽不适合对这个问题做深入展开的讨论，但它与数学理论化过程中广泛倡导的各种约束有共鸣，其中最重要的是所谓不变性原理，一条在19世纪早期和中叶由皮科克（Peacock，G.）和其他人制定并大力捍卫的原理，一条为近世数学家广泛采用的原理。不变性原理的最新表述（或者说其一种变体）是由柯朗（Courant，R.）和罗宾（Robbins，H.）给出的：

……在一个扩充的数域中的运算，其逻辑和哲学基础本质上是形式主义的；这种扩充必须通过定义来创建，这些定义是随意的。但是，如果不能在更大的范围内保持在原有范围内通行的规则和性质，那么它是无用的。

R. 柯朗和H. 罗宾，《什么是数学》，中文版，左平，张饴慈译，复旦大学出版社，2005年第1版。第103页关于不变性原理的更多的讨论，见Detlefsen（2005，第273～278页）。

2. 在结论一节里我会讨论另外两人——波尔查诺和戴德金——的观点。他们也都强调甚至是普通数学信念背后的由精心陶冶所带来的影响。

自从弗雷格之后，不论是哥德尔还是其他人，都没能充分解决这些难题。虽然这不应该被看成表明它们是无法解决的，但它们激励人们对哥德尔的数学发明/发现问题的似乎真实的理解采取另一种考虑。现在我就来谈谈这类别样的考虑。

传统上的考虑

哥德尔的观点与关于发现与发明问题的更重要的传统观点之间有共同之处。广义上讲，这个共同的关注点就是数学的客观性。更准确点说，二者共同的关注点表现在对数学上某类主观性的限定上，特别是对那些与可能合法使用“创造”或“发明”概念有关的主观性方面。现在我来简要概述一下历史文献中有关这个问题的较有趣的内容。

古代观点

在古代，数学在何种程度上谈得上是创造或发明是个共同关注的问题。但是，翻阅古代文献，我们很快就发现这里存在着用语上的差异。具体来说就是，我们当今所用的“发现”一词的意思与古人在使用该词的所指是相当不同的。

这一点从西塞罗（公元前106~公元前43）对这个语词的使用便可以看出。他区分了两类用于（包括数学在内）任何思想领域内进行细致、系统研究的方法。一类方法他称为“发现”的方法（Cicero，1894~1903，第459页），另一类方法称为“决定”的方法（同上）。随着时间的推移，这种区分成长为两类艺术之间的传统门类：发明的艺术（发明的艺术、发现的艺术或研究的艺术）和裁决的艺术（裁决的艺术，有时也被称为证明的艺术）。

这种区别在科学上和法学上是很重要的。在数学上，人们通常对研究的发现方法与证明方法采取不同的形式加以区分。前者的结果是新知识的有效发展，尽管也许结果的质量不是最佳；后者的结果是知识的完善——特别是对由证明上并非最佳的发现方法所产生的不完善的知识的完善。[1]

82

由此可见，传统上“发现”和“发明”是同义词。它们标志着经典两阶段证明过程的第一阶段[经典证明的过程可分为认证阶段（*certificative stage*）和论证阶段（*argumentative stage*）]。这种经典证明模式背后的总体思路可以概括如下：

> 一个命题的真正的科学证明[2]同时需要认证和论证。仅有论证本身是不够的，因为它太容易被虚构。论证的去想象化恰恰是认证要完成的工作。因此，真正的证明是经过认证了的论证，真正的科学知识需要真正的证明。

---

1. 人们还普遍认为，前证明性研究（pre-demonstrative investigation），从推进证明研究使之变得更容易、更有效这个意义上说，应当是证明研究的准备阶段。例如，阿基米德（公元前287～公元前212）就曾向埃拉托色尼（Eratosthenes）推荐过用“力学”方法作为进一步证明研究的手段：

……我认为有必要为你写下并详细解释……一种方法，它提供了一种使你能够用力学方法来开始对某些数学问题进行研究……这种方法甚至对定理本身的证明也是有用的。在我看来，对于某些事情，首先用力学方法来考察会看得很清楚，虽然后来它们是用几何方法证明的，因为用这种方法来研究并不等于实际的证明。但如果事情所寻求的某些知识已通过这种方法获得，那么用这种方法来提供证明就要比事先不知道这些知识而进行证明来得较容易。

阿基米德（Archimedes，1993，第221～222页）

2. 就是那种能够支撑起真正科学知识的证明。

这个模式突出展现了古代几何学家的思想。普罗克洛斯（Proclus，411~485）在其《欧几里得〈几何原本〉卷Ⅰ注释》里给出了一个用上述经典方式来解释命题Ⅰ~Ⅳ的“顺序”的有趣的例子。[1]

83

> ……我们的几何学家（欧几里得，卷Ⅰ）在给出这些问题（命题Ⅰ~Ⅲ）之后提出了他的第一定理（命题Ⅳ）……因为除非他先前证明了三角形及其构造模式的存在，否则他怎么可能言谈关于它们的基本属性？假如有人……说：“如果两个三角形有这种属性，那么它们一定也有另一些属性。”这岂不是很容易……满足这样一种断言：“是否我们知道一种三角形就可以构造出其他所有三角形呢？”……正是为了防止这些反对意见，《几何原本》的作者给我们提供了三角形的构造……这些命题对于这条定理完全是预备性的……
>
> 普罗克洛斯（Proclus，1970，第182~183页）

像古代的其他几何学家一样，普罗克洛斯对认证方法与论证方法的概念的区分与古代对问题研究与定理研究之间的区分是一脉相承的。前者由“解决问题的工作”构成（Proclus，1970，第157页），后者主要是“定理的发现”（出处同上）。

---

1. 命题Ⅰ~Ⅳ是：

Ⅰ：用给定的有限长直线构造一个等边三角形。

Ⅱ：过给定点（作为端点）作一线段使之等于已知线段。

Ⅲ：给定两条不等长的线段，从较长的一条线段上截取一线段，使之与较短的线段等长。

Ⅳ：如果两个三角形的两条边对应相等，且由这两条边所夹的角也对应相等，那么这两个三角形的底边也相等，两个三角形彼此全等，余下各角也对应相等。

前者的目的是“产生、创制或构建某种意义上先前不存在的东西”（出处同上）。这个目标的完成一般是由“构建”一个图形，或将它置于某个地方，或运用于另一个情形下等措施来确保（出处同上）。总之，这个目标通常是通过构建来完成的。

另一方面，定理研究的目标是“看出、确认并展示一种属性的存在性或不存在性”（出处同上）。换句话说，它要努力做到的是“通过对几何研究对象的属性及其内在性质的展示牢牢把握这些对象”（同上，第157~158页）。

因此，问题研究旨在确立某种“新”东西的存在性（即使以前不存在的某个对象的存在性得到确立），而定理研究的目的是要确立已经存在的东西的属性。因此，定理研究对象的存在性需要预先得到确认。

普罗克洛斯对命题Ⅰ~Ⅳ的顺序的评注反映出他接受了这个模式。命题Ⅳ是一个定理，其对象有三角形、线段、等长线段等，另一方面，命题Ⅰ~Ⅲ是问题，它们是确立命题Ⅳ内容的存在性所必需的。因此它们对于命题Ⅳ是“完全预备性的”（同上，第183页），即使它们在命题Ⅳ的证明中并没有被采用。[1]

84 在说命题Ⅰ~Ⅲ是命题Ⅳ的“完全预备性”这句话时，普罗克洛

1. 命题Ⅳ也是关于全等三角形、角和等角等性质的定理。正因为如此，人们自然希望看到确立这些术语的存在性的基本命题。普罗克洛斯对此没有评述，对此我们只能怀疑他是否把这一点看作是欧几里得几何的缺陷了。

斯似乎已经意味着它们解决了命题Ⅳ及/或其证明的一些广泛持怀疑态度的挑战。例如，命题Ⅰ是对问题“你知道完全可以构建出来吗？”引起的挑战的响应。另一方面，命题Ⅱ和Ⅲ则是对“也许没有任何直线段等长于另一条直线段（或这个问题的其他几何对象具有相同属性）”这一挑战的响应。[1]

总之，普罗克洛斯似乎已经接受了这样的观点：组合式的定理研究是一种不可认证的研究，或是一种缺乏根据的研究。为了避免这一点，构成相关定理得以成立的对象应该先被证明是存在的。普罗克洛斯认为，这一点可以通过给这种根据一个一般性的或构造性的定义来做到（这是最佳的还是唯一的？），它是这样一种定义：它“解释一件事情的起源，就是说，这个事情是如何生成的——这就像一种循环定义，即，它就像一条直线绕一定点运动画成的图”（Hutton，1795~1796：2000，第1卷，第362页）。[2]

近代观点

近代数学家和哲学家持有一种类似的观点，这种观点可用莱布尼茨的如下说明来陈述：

1. 更具体地说，命题Ⅱ和Ⅲ为产生等长线段提供了两种基本方法：一种方法用于在给定位置上此前不存在线段的情形，另一种方法用于在那个位置上已存在较长线段的情形（见Proclus，1970，第183页）。

2. 类似的观念在西方法学里，特别是在一般采用的犯罪事实原则中很常见。它要求对于合法定罪和正当审判都需要证据。这个观念是：一项审判如果是正当的，就必须在犯罪事实“存在”和犯罪者身份确认两方面都有证据。在谋杀案例中，这种证据通常以作为行为结果的死亡的证据形式出现，而确定犯罪嫌疑人的证据则是其实施的手段。其他类型的犯罪要求提供其他类型的证据。而所有合法的审判，都需要在犯罪事实存在和犯罪嫌疑人身份确认两方面有充分证据。

> ……欧几里得提出的圆的概念——即由平面上一条直线绕一定点运动画成的图的概念——提供了一种真实的定义，因为很明显，这样的图是可能的。事先……有（这么个）定义……是有用的……（因为）我们不能放心地给出有关任何概念的证明，除非我们知道它是可能的；对于那些不可能的或涉及矛盾的事情，这些矛盾也是可以被证明的。这就是为什么对任何可能性我们需要真实定义的重要原因。
>
> 莱布尼茨（Leibniz，1683：1973，第12～13页（294）[1]，括号为本文作者所加）

85

莱布尼茨因此认为，根源性或构造性定义是有价值的，因为它们使其所定义的概念的先验的可能性变得已知（见Leibniz，1764：1916，Bk. Ⅱ，ch. Ⅱ，§18）。他认为，这反过来又以某种方式使证明变得“安全”。

但是，他对那些不可能的概念及其存在性做了各种令人困惑的断言。有时他认为存在不可能的概念（即隐含矛盾的概念）。

> 一个概念要么是适合的，要么是不适合的。合适的概念是那种一经建立就成为可能的概念，或者是那种不隐含矛盾的概念。
>
> 莱布尼茨（1903，第513页）

---

1. 括号内数字为莱布尼茨著作的拉丁文本（1978，第7卷）的页码，类似陈述见Leibniz（1989，ⅩⅩⅣ）。

另一些时候他认为不可能的概念是不可能存在的。因此（例如）他声称，“我们不能够对不可能的东西有任何概念”（Leibniz，1978，第4卷，第424页）。他还坚持认为，“那些实际存在的东西不可能丧失其可能性”（Leibniz，1978，第7卷，第214页）。[1]

尽管如此，我这里主要关注的是：当有关A的证明缺少有关A的可能性的知识时，这种证明便存在不安全因素。具体来说，有几方面理由使我关心莱布尼茨可能曾相信存在这种情形。

他提到的危险是存在矛盾的可能性——“不可能的东西……矛盾可以被证明”（同上）。虽然我们今天来看，这似乎不正确。在莱布尼茨时代，定理的主要类型是“所有的A是B”这样的形式。这种形式下的矛盾可能是“有些A不是B”之类形式的句子（或其等价的句子），这需要知道各种A的存在性。

不过，当A是不可能的事物时，各种A便都不存在。因此，那些像莱布尼茨一样认为“实际存在的必然都是可能的”的人可能不会相信，对于不可能的A，我们可以证明“有些A不是B”。因此，他应该没有理由将“有些A不是B”的证明当作对在A是不可能的情形下证明“所有的A是B”的一种威胁。

更可能的情况是，莱布尼茨在设想“所有的A是B”这一证明的反证时，想的是要证明“没有A是B”而不是“有些A不是B”。如果确

---

1. 关于这些令人困扰的问题的简明而又用的讨论，见Mates（1986，第66~68页）。

实如此，那么我们也还有这样的问题——即使在这种情况下，造成“不安全”的因素是什么。但不论莱布尼茨所设想的危险是什么，它都不会是一种对虚假陈述的直接证明。这个结论可以从基本的（经典的）逻辑事实得到。当A是不可能的事物时，则必然不存在各种A，此时说“所有的A是B”和“没有A是B”都是对的。[1]

86 但如果不是虚假性反对我们从A的真实定义那里得到保护，那么我们从什么地方得到保护呢？在这一点上莱布尼茨不是很明确。[2] 他可能已经将这种威胁看成是虚构化的威胁——即进行没有根据的研究，从而在最后的分析中一无所获的威胁。这似乎一直是经典的观点，也曾是普罗克洛斯一直追求的观点。可能我要论证的也正是这一点。莱布尼茨时代（也包括其较早和较晚时代）的其他人在安全性问题上要更加明确些，他们一般都给出下述两种观点中的一种：一种观点大致较实用，另一种更理论化一些。我将描述并讨论这些观点。就目前而言，要牢记的要点是：（1）在数学史上，过去曾有过，也许目前仍存在，一种将可靠性与广泛的体验联系起来的传统，至少在某种程度上建构是被当作经验的媒介的，但是（2）这种经验的内容不一定就是最终被证明的或是合理的命题。

---

1. 这里当然是假设了A仍是一个真正的概念，尽管它是不可能的。当然，有许多人对此提出质疑。关于这一点后面会有更多的讨论。

2. 莱布尼茨关于真实定义的例子就是欧几里得关于圆的定义——即“平面上一直线段绕一固定端运动所画出的图”（出处如上）。这在17、18、19世纪一直作为真实定义的一般性理解。例如，赫顿在他的《数学和哲学辞典》里就提供了这种定义的如下特性：

> 真实定义……解释一件事的起源，就是说，一件事是如何做或如何发生的：它就像圆的定义，我们将圆定义成由一直线段绕一定点运动所画出的图。
>
> 赫顿（Hutton，1795~1796：2000，第1卷）

作为实际考虑的真实定义

对真实定义（real definition）的实际辩护并不对通常的观念——一个概念的实在性或可能性是由其一致性构成的——构成挑战。它的要求毋宁说是，确立一个概念的一致性的唯一可行的方法是用一个实例来表现，就是说，给出它的一个真实定义。[1] 真实定义作为一种确保一致性的手段，其有效性通常被视为这就是为什么经典几何（其中真实定义占主导）中的问题要比代数中的少很多的原因。普莱费尔（J. Playfair）的下述论述可谓18世纪对这一思想的一种典型的表达：

> 几何命题从没有引起过争议，也不需要形而上的讨论的支持。另一方面，在代数中，关于负数及其结果的学说则经常困扰着分析者，将他卷入最复杂的争论中。这种多样性的原因毫无疑问必须到被我们用来表达概念的不同模式中去寻找。在几何里，表示每一量的大小都是由相同种类的单位量来表示的；线长由线表示，角度的大小由角度值表示，属性总是由其个体来标志，一般性概念总是由其中某个具体对象来表示。通过这种方法，所有的矛盾均可避免，几何从来不允许被用来推知那些不存在或者不能显示的东西的原因。
>
> 普莱费尔（Playfair，1778，第318～319页）

87

以提供实例为特色的这种一致性证明的实际认证在19世纪甚

1. 这里概念的“一致性”是指被用来描述或应用这一概念的陈述的一致性。

至变得更明确，如果要说与以前的情形有区别的话。约翰·赫歇尔（John Herschel）的下述论断就表达了这种共同的态度：

> 如果将通过真理在具体事物中的应用作为真理的检验手段这一点放在一边不论，那么除了其自洽性之外，再也没有什么可以指导我们的认识了。但在公理性命题中，这一点等于什么都没检验……作为与真理同体的基本要素，它们（公理的）相互兼容性只能通过经验显示出来——通过其共存性作为在特定情况下产生的真理所观察到的事实显示出来。
>
> 赫歇尔（Herschel，1841，第220页，括号为本文作者所加）

弗雷格在反对创造主义者（creativist，如汉克尔和希尔伯特）学说时也强调了这一点。因此，他对汉克尔的一致性认定和通过观察确立存在的观点做了如下回应：

> 当然，严格来说，我们只能确立这样一种情形：一个概念，如果能先产生某个属于该概念范畴的事物，那么这个概念就是无矛盾的。相反的推论则是谬论，汉克尔的失误正在于此。
>
> 弗雷格（1884：1968，§95）

同样，在他与希尔伯特就他（希尔伯特）似乎相信存在无需提供可供验证的例证就可证明一个概念的一致性的可能性的通信中，弗雷格写道：

> 在谈到证明某些特性、要求（或者其他一些随你怎么称呼的品质）不能彼此矛盾时，我们的意思是什么呢？我认为它的意思只有一个：指向一个具有所有这些特性的对象，给出满足所有这些要求的事例。我们似乎不可能还有其他任何方式来证明没有矛盾。
>
> 1900年1月6日弗雷格给希尔伯特的信（Gabriel et al., eds，1980，第43页）

最后，受挫于希尔伯特不让步带来的沮丧，弗雷格要求希尔伯特解释清楚我们怎样才能够不通过确认可验证的实例就能够证明一个概念的一致性：

> 我相信我从你来信的某些地方可以推断出，我的论证没能说服你，这让我更渴望得到您的反驳。在我看来，你认为自己在证明无矛盾方面拥有一项原则，它与我在上封信里给出的原则有着本质的不同，而且，如果我记得没错的话，你的这项原则是唯一被你用于你的《几何基础》中的原则。如果在这个问题上你是正确的，那么它可能就非常重要了，虽然迄今为止我并不这么认为，但我觉得这一原则应该能够还原到我所制定的原则上来，因此它不可能比我的原则有更广泛的范围。这样做可能有助于厘清你在回复我上封信中提出的问题——我仍然希望得到一个回复——那就是你可以清楚地制定这样一个原则，并通过一个例子来讲清楚它的应用。

88

1900年9月16日弗雷格给希尔伯特的信（Gabriel et al., eds., 1980, 第49页）

弗雷格在信中提到希尔伯特的《几何基础》，主要是指希尔伯特用解释实数的方法来证明他的几何系统的一致性（见Hilbert, 1899, §9）。他正确地指出，这是希尔伯特在当时给出的唯一的对一致性的证明。差不多20年后，他的这一一致性证明理论概念才得到后人注意。[1]

因此，验证性实例的产生是确立概念一致性的唯一途径这一观念在17、18和19世纪里是一种普遍的信念。也正是这一观念使我们能够解释为什么莱布尼茨和其他人会将“没有A是B”的证明看作是对“所有A是B”的证明的威胁。这个解释如下。如果“所有A是B”和“没有A是B”都是可证明的，并假设凡可证明的都是真实的，那么就不会存在A。但是，如果不存在A，那么我们实际上就没有办法确立所有关于A的断言的一致性（包括理论上的假设“所有A是B”）。这样做的唯一可行的方法是产生一个A的实例，并通过将它当作主体概念的断言来验证该实例具有归因于它的属性。最后，我们需要A的实例化，因为我们最终需要证明关于A的陈述的一致性，而作为一个实际必然性的问题，它只能通过产生一个A来解决。

1. 我认为，目前还不清楚，按照莱布尼茨和弗雷格的真实定义给出的构造性或具体例证的证明，在多大程度上类似于希尔伯特的模型构建证明。希尔伯特为几何提供的模型不是一种通过可视化或经验来说服人的模型。它远比欧几里得的圆的真实定义更抽象，它预设了一种做出抽象判断的能力。希尔伯特所运用的模型构建实际上是由直觉得来的，或者说在特性上推论性更强（more discursive），因此其本身需要直观的辩护这一点似乎很容易受到怀疑。

对于数学是被创建的还是被发现的这个问题，这一推理的假想的结果是这样的：彻底的创造主义关于概念的观点是不可持续的。原因是，每个理论都必须保持一致，并且在最后的分析中，这种一致性只能通过识别见证的实例来显示。阿尔诺注意到，这种见证只能是被发现的，而不能被创建的。

> ……名义定义是任意的，而真实定义则不是这样。既然任何声音……能够表达任何思想，因此请允许我选择特定的声音来表达我自己的……想法。但这种情形与真实定义完全不同，因为获得各种概念的关系独立于人的意志。
>
> 阿尔诺（Arnauld，1964，第83页）

89

因此，名义定义和真实定义的适当角色的问题曾是关于发现与创建问题的传统讨论的核心。其核心要素被很好地传递到20世纪。我相信，了解这一点应当有助于我们深化和拓宽我们自己在这个问题上的观点。尤其是，它引导我们去看待问题背后的更多的东西，以及在它的解决方案中那些比哥德尔建议的论证更可能处于危险中的东西。

作为理论关切的真实定义

对真实定义的理论辩护基于我们如何获得概念的观点。这是一种广泛的经验论的或曰经验主义的观点，它将对经验的抽象看成是概念发展的根本途径。由此，它将概念归类为真实的或不按照对这些概念如何提出的问题是否存在一个合理的解释，是否存在一条从经验上升到抽象的路径来考虑。以这种方式提出的概念是合法的、真实的，而那些不是这样提出的概念则是不合法的、不真实的。

近代以来，这一观点得到了许多数学家和哲学家的提倡。例如，流行于19世纪初的约翰·莱斯利的几何教科书就教导说："几何……是建立在外部观察的基础上的，但这种观察是如此熟悉和明显，以至于由此产生的主要概念给人一种直观的感觉，并被当作与生俱来的"（Leslie，1809，第2页）。他还说过，"几何学，像不关乎心灵活动的其他科学一样，最终取决于外部观察"（同上，第453页）。

在18、19世纪的思想家那里，"真实"有一个公认的代名词，叫"给定"，莱斯利将这个术语刻画为下列这句话（见上述引文的续篇）：

> 数量被认为是给定的，它可以是展现的，也可以是发现的。
>
> 莱斯利（Leslie，1821，第4页）

总的来说，几何学上的真实定义的理论辩护是基于两个观念。第一个观念是几何概念由抽象过程从对外部事物的观察得来；第二个观念是这种观察的内容在一个重要的意义上看是给定的而不是创建的。因此，真实概念是一种由给定内容开始的表达，而不是一种对被创建或制作的内容的表达。然后，它们经抽象过程从经验中提升出来，这个抽象过程只会从原始经验内容中减去而不是添加某些东西。

90

这种真实概念的观点有时会被19世纪的哲学家上升到关于概念的普遍性观点。一个突出的例子是叔本华，他对概念的性质以及它们的存在条件提出了以下令人难忘的解释：

> ……概念从直观领域派生出其内容，因此，思想世界的整个结构有赖于直观。因此我们必须能够从每一个概念——即便是间接地通过中介概念——回到该概念被从中抽象出来的直观……就是说，我们必须能够用在各种事例的关系中支持抽象的直观来支持它……
>
> 这些直观……担当得起我们所有思想真正的内容，无论何时，只要直观缺位，我们的头脑中便没了概念，只剩下单纯的文字。在这方面，我们的智慧就像发行票据的银行，如果它是健全的，它就必须有充足的现金来保障其安全，从而在要求兑现的情形下能够支付它所发行的所有票据。直观是现金，而概念则是票据。
>
> 叔本华（Schopenhauer，1859：1966，Book 1，第7章，第2卷）[1]

然而，这种通用型的观点局限于哲学家圈子里或仅流行于19世纪。事实上，直到最近数学家里也只有外尔（Hermann Weyl）形象地用存款票据来比喻真实概念与命题之间的差异，这是一方面，而另一方面，则是用纯粹的符号体系来描述二者间的关系。外尔用数学里的存在断言作为他的主要例子，他将这种断言比喻为纸币——就是说，钱本身没有任何价值，其唯一的真正价值是它背后所支撑的真实商品。

---

1. 德文版见Schopenhauer（1911，第76页）。本书第1版出版于1819年，第2版1844年，第3版1859年。这里引用的段落见所有这些版本。

> 存在性命题——类似于“存在偶数”这样的命题——绝不是一个真正的事实判断意义上的断言。事物的存在状态是逻辑学家的一个空的发明。“2是一个偶数”：这是对一个给定判断的真实的事实表达。“存在偶数”则只是由这类判断得出的一个抽象判断，就像我将知识看成是一种有价值的财产一样，我将抽象判断看成是纸币，不论出现在什么地方，它都在某种程度上代表着财产。它唯一价值就在于它能够让我随时掌握着财产。如果没有像“2是一个偶数”这样的实际判断在背后支撑，这种纸币就不能变现，也就毫无价值可言。
>
> 外尔（Weyl，1921，第54页）

91 在上述所有事例中，我们看到有一个相同的基本理念在起作用，即我们称之为概念的那些表述只是这样一种存在：它们存在于这样一种可抽象性的关系当中，这种可抽象性是对那些给定的而非创建的经验内容的抽象。

这一判断为下述问题——为什么“没有A是B”的证明会被轻视，或“所有A是B”的证明会贬值——提供了一个比较明确的解释。如果“所有A是B”和“没有A是B”这两个陈述句的内容都是真实的，那么就不存在A。从而也不存在A可以从中被抽象的经验内容——就是说，不存在有关A的经验性实例。因此表达句“A”没有内容，也不会表达一个概念。其结果是，“所有A是B”不表达一个命题，因此也不具有真实判断的内容。因此关于“所有A是B”的证明不会产生所有A是B的知识，因此也就无法达到其预期的目的。

但是，尽管这种推理是明确的，它还是不能令人信服，这至少有两个原因。首先是它预先否决了存在非实例概念的可能性。这是令人担忧的，因为有可能存在那种既不是用实例来说明也不能用实例来说明的真实概念（或至少是概念的陈述）。复合概念无论如何都属于这种情形（比如一张需要着5种颜色的地图对其着色来说就属这种情形）。是否存在那种能被正确地看作是原始的同时又不是可实例化的概念则是一个更难回答的问题。但据我所知，是否就不可能存在这样的内容也没有好的论证。

叔本华-外尔论证为什么不能令人信服的第二个原因，是它似乎无视这样一种可能性：能够具有经抽象导出概念的经验类型本身可能就预设了概念的可获得性。叔本华-外尔论证假设，我们可以有这样一类经验内容，它可以不经概念（不基于这种获得性的概念）就开始一个抽象过程。但是，要有说服力，就需要对内容及其抽象过程进行仔细分析。有了这种分析，我们才能够无须应用概念就把握一个至少有某类最基本内容的论点。此外，对于断言——存在一种由经验性内容经抽象而获得数学内容的合理途径——也必须给出一个说法。

只有到这种缝隙被填补之后，理论辩护才有可能被接受为一种对概念的存在性或可获得性的一般性解释。尽管作为数学概念的一般理论，这种理论辩护有缺陷，但它毕竟还是为数学中发现和创建之间的有价值的区分提供了一个基础。这个想法是，真实概念是一个可实例说明的概念，但非实例说明的概念的存在性不应被否决，其运用也不应被禁止，只是对它们的运用应有所控制，以便满足适当形式的一致性要求。这种一致性要求，具体来说就是，对于所涉及的概念可以证明满足不必一定要有实例来说明的条件。

92 **讨论**

上述两种对真实定义的传统辩护为数学中发现和创建之间的明确区分提供了诸多可能性。两种观点与哥德尔的现象学论证也有分歧。前者认为，发现和创造之间的区别缺少的不仅仅是对我们可能具有的对于强加于我们的真理的经验的一种现象学上的充分解释。它们没必要否定哥德尔的现象学推理背后的观点。虽然它们同样不必将这一点看成是经验在数学知识发展过程中的主要作用的指标。

两种辩护都持这样的观点：产生一个概念的实例本质上属于发现而非发明的问题。此外，它们都将发现看成是对那种确保一致性或可能性的实在的发现。另一方面，创建则不具有这种特性。因此，即使出于使真实定义完成其预期的正当目的的考虑，也有必要将它看成是发现而不是创建。否则，数学家将可能面临着适当的正当要求的无穷尽的递归，而这正是数学家想要避免的情形。

我在上面提到，对真实定义的实际辩护似乎低估了一致性对所产生的概念可能采取的约束的形式的多样性。这是因为在希尔伯特的证明理论发展之前人们普遍认为，证明一个概念的一致性的唯一方法就是找到一个公认的实例。希尔伯特的证明理论则提供了一种语法类型的替代方法。

另一方面，哥德尔不完备性定理（特别是他的第二定理）暗示，希尔伯特的替代方法的可适用性是有限制的。这可能意味着，实际上，我们往往还必须依赖于产生一个实例或构建一种模型来证明一致性。结果，在有关证明一致性的各种实际可能性的问题上，弗雷格可能还是正确的。[1] 因此，在最后的分析中，我们很难确定这种实际辩护对发现的支持作用能够有多大。

结论

在本文结束前我想考虑最后一个问题：关于哥德尔提出的数学中给定性（givenness）或强迫性（forcedness）现象的运用问题。不过，这里我关心的不是我们能否可靠地检测到它，以及如果是的话，那么能在什么程度的信心和鉴别水平上做到这一点，而是什么东西能使对“给定性”或“强迫性”经验的恰当反应有可能或是应当被置于首位，假设我们事实上确实存在这种反应的话。我是被波尔查诺对数学中真实定义的角色和特征等问题的犀利质疑而带到这个问题上来的。[2] 93

众所周知，波尔查诺对中值定理的证明主要是他下述思想的产物：用来证明一个定理的方法应当具有使被证明的定理提升到一般化的水平。在他看来，关于数量的一般性定理的证明应该只求助于关于数量的一般性法则，而不应求助于仅适用于特定类型数量的法则。

这使他拒绝接受以前对中值定理的各种证明方法，因为他认为这些方法都是借助于具体的几何量来证明的。这也导致他拒绝接受通常

---

1. 当然，在有关模型构造与代表真实定义的实例所展示的东西之间的相似性方面，存在严重的问题，但限于文章篇幅，我不能在此详作讨论。

2. 戴德金在算术中提出过类似的关注。在《数是什么且应该是什么？》（*Was sind und was sollen die Zahlen*？）一书的第一段里，他因此对下述内在直觉的引导作用提出过警告，他说，看上去显然的真理往往是最需要证明的东西。这一思想的确成为他的算术基础研究的主线，其核心原则是：任何东西都应经过证明才能被接受，无论其显然的程度如何。见Dedekind（1888），第1版前言。

的几何定理的证明，他相信其中的许多定理可以从有关数量的一般法则导出。这类定理的真正基础的一个更准确的图像可以由这样一些证明给出：这些证明本身的前提就是数量的一般法则。

> ……在欧几里得几何中，没有任何空间对象是被作为真实对象接受的，除非它的结构首先借助于平面、圆和直线而被证实。这种限制显示出其经验来源十分清楚。黑板、圆规和直尺是……最初的绘图所需的最简单的工具。不过，就其自身考虑，直线、圆和平面都是复合对象，它们可能不能以任何方式作为一个假设被接受……例如，“在每两个点之间存在一个中点”这一命题就要比命题“每两个点之间可以作一条直线”简单得多。然而，欧几里得是用后者和其他一些命题来证明前者。我们证明了每一种被提出来的可能的概念性联系，这对于数学的理论论述是充分的……对象如何以及以什么方式类比到概念可以在实用数学的实在中产生。[1]
>
> 波尔查诺（Bolzano，1810：2004，§37）

在我看来，波尔查诺在这里做的部分工作就是指出了遵循强迫的引导的危险性。太多的信任有可能导致这样的事情：用并非基本的（但强迫程度较高的）命题来证明更为基本的（虽然强迫程度不高）的命题。

1. 在这句话里，波尔查诺所说的实在是指经验的或可感知的实在。由此，他将欧几里得几何里的真实定义类型从科学的数学降低到当时被认为属于应用数学的范畴。

这就提出了一个与哥德尔的观点相关的问题。哥德尔认为，正是集合论公理迫使我们信其为真。同时他又将数学中的强迫性比喻成感官知觉。这使得我们认为，集合论公理对于更大范围的数学真理的重要性绝不亚于感性知觉对于更大范围的自然科学真理的重要性。 94

但如果这是正确的，那么根据数学和自然科学之间的类比，那些迫使我们信其为真的集合论命题就不大可能是数学的基本法则。也就是说，它们不应该被当作公理。相反，它们应该被看作需要由更深刻、更基本的法则来予以正确解释的现象，如果你愿意，你可以称它为理论数学。[1] 但我们很难设想这些更深层次的法则是什么。此外，集合论公理与感官判断之间的类比与哥德尔自己所说的关于集合论与数论之间关系的言论——即前者至少可以通过其简化后者的定理的证明的能力而得到部分的合理性证明——不是很一致。

总之，有关感性经验与哥德尔假设的由各种数学真理迫使我们信其为真所带来的经验之间的类比存在严重问题。如果说这种强迫是经验的显现，那么强加给我们的让我们信其为真的那些数学命题就应当被看成是数学的经验部分。追随着哥德尔的这种类比，我们被引导到考虑数学中观察/理论分野的可能性，其方式类似于我们在自然科学中所接受的情形。波尔查诺在某种程度上相信这一点。具体来说，他认为各种数学命题之间存在客观的基础性差异。不仅如此，他还将揭示这种相对基础性的排序看成是数学家的主要职责。

---

1. 当然，罗素等人明确将这一点看成是集合论公理的“回归”概念。

由此，波尔查诺提出了有关给定性及其在数学认识论上的可能意义的重要问题。我已指出，这些问题对哥德尔试图引入一种经验到数学认识论的做法提出了挑战。它提醒我们应当对给定性或强迫性给予与基础性同等程度的重视。但就我目前所看到的，这些挑战还没法以同样的力度对数学中发现/创造问题的传统理解给出明确的意见——就是说，围绕所谓数学中"真实"定义的运用及其保护所展开的讨论也许提供了反对某种形式较为粗俗的主观性。

评迈克尔·德特勒夫森的“发现、发明和实在论”

95

约翰·波金霍尔

迈克尔·德特勒夫森仔细讨论了哥德尔提出的断言——我们有经验以一种无可商量的方式来面对数学对象，这种方式类似于我们在面对那种迫使我们将其看作物理世界的独立实在的物理对象时的情形。他非常正确地指出，这种断言，如果能够被证实的话，为许多数学家对所持信念的辩护提供了最佳基础，这种信念是，他们的推理过程是一个作出发现的过程，而非单纯的、如创制一种取悦性的智力拼图那样的发明过程。

就探索这种类比而言，我认为有必要充分考虑到我们与物理世界相互关系的微妙之处。实在论的捍卫者们（我自己也是其中之一，见Polkinghorne，1996，第2章）声称，现代物理学不是简单地诉诸这样一个事实：我们碰到的都是大的对象。例如，量子世界的性质就非常难以捉摸，以至于我们无法将其视为单纯的目标来处理。然而，物理学家们却对如电子或夸克这样的实体的实在性充满信心，不会将它们看成只是为了满足计算而想象出来的虚构的东西。我相信，对物理实在论的辩护最终取决于我们对这些实体的理解程度。我们以本体论的严肃性来看待电子和夸克，是因为它们的存在解释了大量更为直接可感知的现象。群论在指明对称图案的结构（du Sautoy，2008）方面所显示出的力量似乎为赞成认真看待有限群的抽象实在性提供了一种类比。

对物理世界的实在性持赞成态度的另一种依据是物理世界经常表现出的令人惊讶的特性，这些特性总是与人们事先“合理的”期望相反。量子理论是这方面首屈一指的典范。这种对事先预期的阻挠雄辩地说明我们面对的是一种独立于我们的实在。我认为，19 世纪对非欧几何的发现可看作数学上对此情形的一种类比。

96 德特勒夫森回顾了康德对直观（它以一种不容分辩的给定性作用于我们）与发明（他相信能够由我们的意愿创造或产生的东西）的区分。在我看来，这里与数学家证明了的、进入一种对深刻的数学理论的“完全形成的”意识状态的经验有一定联系。在我自己的那一章中，我提到过有关亨利 · 庞加莱的一段著名的轶事。庞加莱经过几个月对福克斯函数的持续不懈的攻坚后，在他正要启程去度假的当口，发现整个理论就像上帝送来的礼物一样突然呈现在他的脑海。数学思想的这种不容商量的特性似乎可以展现为下述事实：在考虑特定的公理化体系的数学家能够“看到”以哥德尔方式所呈现的真理，尽管它在该体系中形式上是不可证明的。

爱因斯坦曾经说过，基础物理学的基石是“自由发明”。他在说这番话时肯定不是要赞同那种将提出令人兴奋的概念归因于纯粹主观创造的后现代主义思想。爱因斯坦是以一种毫不妥协的客观性来思考这些问题的。同时，他也指出了创造性的想象力的飞跃（譬如）在他写下优美的广义相对论方程时所起的作用，尽管这些方程的结果还需要通过与现象的比较来验证。同样，数学中的那些伟大思想总是在显示“深刻的”性质时被掌握的——就是说，一个看似简单的公式被证明有着广泛的和意想不到的结果，正如一个成功的物理理论的预言所适用的范围之广一样，在该理论被提出之后人们才发现，其结果有着甚至出乎已知经验范围的广泛性。对此试想一下复数概念的提出所带来的惊人的丰富成果便可领悟。

实在论在为物理学和数学两方面的解释所做的辩护上必须是微妙而细腻的。在我看来，在这方面，这两个学科是一对“堂兄弟”。

97 # 第 8 章 数学与客观性

斯图尔特·夏皮罗

我想以一种试探性的和普遍的方式来探索在何种程度上数学可以认为是客观的这个问题。按照哲学上的典型做法，我们的目标之一是试图明确问题中各个术语的意义。我们当然知道数学是什么，或者至少当我们看到它时我们知道它是什么，当然那些模棱两可的个例除外。但什么是“客观性”呢？直观地说，所谓客观性就是独立于人的判断、规范以及生命形式等的一种物质属性。但“独立”这个概念又是什么意思呢？

认为数学不是客观的——数学真理总是与人类的认知、规范或其他东西联系在一起——的观点在哲学家中并不少见。伊曼努尔·康德将数学看成源自于“纯粹的直观”，是我们的感官从空间和时间上感知世界的一种形式。由此可见，数学直接与人的能力相联系，因此缺少客观性——至少在某种意义上说是如此。传统的直觉主义者L. E. J. 布劳威尔和阿伦·海廷这样写道（Heyting，1931：1983，第52页）：

> 直觉主义数学家建议将数学研究作为人类理智的一种天然功能，是一种自由的、重要的思想活动。对他来说，

> 数学是人的心灵的产物…… 我们不能将数学对象看成是一种独立于我们的思想的存在，即一种先验的存在……数学对象本质上依赖于人类的思想。

杰出的当代哲学家泰伦斯·霍根（Horgan，1994，第99页）采用希拉里·普特南所提倡的惯例，用小号大写字母词来表示“有关心灵独立、言谈独立(discourse-independent)的世界”。如果这个所谓心灵独立、言谈独立的世界是彻彻底底的物质世界，那么问题的实质就被回避了，但霍根和普特南都没有预先假设它这一点。

98

霍根声称（Horgan，1994，第100～101页）:

> 使得一个句子的正确的可断定性[1]能够依赖于这个世界[2]可以有一系列的方法。在这个方法系列的一端是由……规范所支配的句子……（那些论述中的这种句子）仅当世界中的某个独特成分回答了每一个词项时才是真的……在方法系列的另一端是那种支配可断定性规范的句子……这类句子是被规范单独裁定为正确地可断定的句子，它们不依赖于事物如何与世界相联系。

1. assertibility，这个词由弗雷格的术语assertion（断定）扩展而来。在弗雷格那里，“断定”是对一个语句的内涵的真假做出判断，而不仅仅是语法上的肯定句。由assertion还引申出诸如“assertion-sign”（断定记号）、“assertoric force”（断定力）之类的其他术语。有兴趣的读者可参阅有关弗雷格哲学的文献。——译注

2. 这里的“世界”即上文所提到的小号大写字母所表示的世界，为区别起见，用黑体标示之。——译注

随后他补充道，附带说明一下，“纯数学的句子”对于这第二种情形，即可断定的或“不依赖于事物如何与世界相联系”的情形，“是合理的候选者”。因此，霍根将纯数学缺乏客观性这一点看成是“合理的”而没做进一步讨论。

伽利略1623年出版的《试金者》[1] 一书里有如下重要的段落：

> 哲学被写在宇宙这部永远呈现于我们眼前的大书上，但只有在学会并掌握书写它的语言和符号之后，我们才能读懂这本书。这本书是用数学语言写成的，符号是三角形、圆以及其他几何图形，没有它们的帮助，我们连一个字也读不懂；没有它们，我们就只能在黑暗的迷宫中徒劳地摸索。[2]

今天，我们是在此发表上述论断的17世纪头几十年更好的基础上来品味这段话所包含的深刻真理的。自然科学或社会科学几乎没有一个分支不是以大量的数学作为研究的先决条件。一个人如果没有相当雄厚的数学基础，就不可能跳过教科书的前几页。当然，这是指应用

---

1. 原书名为 *Il Saggiatore*（*The Assayer*）。在中文出版的诸多科学史著作和评述伽利略的文献里，这本小书不是很出名，鲜有介绍，故值得在此说上几句。这本小书的肇始是要回击奥拉齐奥·格拉西就彗星问题引发的责难，后者化名洛塔里奥·萨西著书攻击伽利略1610年以来用望远镜做出的天文观测发现，企图巩固天地对立的传统宇宙观。于是伽利略于1623年写了这本小册子予以回击。从科学史的角度看，这本书之所以重要，不在于它写的关于彗星的论述以及伽利略对自己制作望远镜的过程的细述和辩护，而是它在字里行间明确阐述了伽利略关于世界图景的深刻的认识论思想及其物理学基本信念。可能由于其成书时间早于伽利略著名的《关于托勒密和哥白尼的两大世界体系的对话》（1632），书中的很多思想在《对话》里有了更成熟的表述，因此后世往往略过了这本书。具体论述不在此赘述，有兴趣的读者请查阅《伽利略传》（B. G. 库兹涅佐夫著，陈太先、马世元译，商务印书馆，2001年版）和最新出版的《近代物理科学的形而上学基础》（E. A. 伯特著，张卜天译，湖南科学技术出版社，2012年版）。—— 译注
2. 译文引自《近代物理科学的形而上学基础》（E. A. 伯特著，张卜天译，湖南科学技术出版社，2012年版），特此致谢。—— 译注

数学，而霍根评论的是纯数学。但是，某些科学的理论部分与纯数学之间的差异并不是十分明确，至少在我看来是如此。

像霍根这样否认纯数学的客观性的观点使得伽利略的观察成为一种奥秘——一种带有贬义的“奥秘”。如果像霍根认为的，数学不外乎受到人的可断定性的支配，那么为什么数学对于科学是如此重要？这个**世界**里一定有某种东西，就像这**世界**本身一样，是独立于人的关怀、判断等主观意愿的。这种主观意愿把数学置于我们试图理解的中心——即便我们的意愿是要理解宇宙。

伽利略用宇宙的**语言**说话。神学靠边站，当然我这只是个比喻。更准确地说，伽利略声称的是，为了全面或正确地理解宇宙，至少在科学上，我们必须求助于数学。那么接下来是不是就有一个数学断言（assertions）本身是否客观的问题？这么说也可能没错：我们不可能在没理解一种语言的情形下就能够在任何复杂的深度上去理解宇宙。这样接下来是不是又有一个语言本身客观地、不依赖于人的兴趣、关注、判断和其他一些品质而直接与**世界**相联系的问题？不管怎么说，必定存在某种非语言世界的东西，这种东西使得语言成其为语言，并使这种语言成为与我们人类有效沟通的工具。同样，也必定存在某种非数学世界的东西，这种东西使得数学成为我们有效地——更是基础性地——理解其他东西的工具。

99

公正地说，海廷和霍根有一点肯定是正确的，那就是数学、语言和科学都是人类的**活动**，而这些活动的追求和结果要受到人类的关切和兴趣的影响。众所周知，不论是在数学还是在科学领域，理论和解释既带有非人类世界的性质，又与作为表述者和理解者的人的性质有关。正如约翰 · 伯吉斯和吉迪恩 · 罗森（Burgess and Rosen，1997，第240页）所说的那样，“我们关于生命、物质和数的理论很大程度上要受到我们的性格的影响，特别是我们的历史、社会和文化的影响。”当然，这并不是说，这个**世界本身**，或像霍根或普特南所说的，这个**世界本身**，受到“我们的性格”影响。伯吉斯-罗森的观察是，受到影响的是我们关于这个世界的**理论**。摆在我们面前的问题是：在何种程度上这些真理受到人类数学家的影响。

一些有竞争力的哲学传统认为，我们在将知识理论化时没有办法将“人”的因素和“世界”的因素完全分离开来。正如普罗塔哥拉（据说是）所说，“人是万物的尺度”。在某些唯心主义观点看来（更不用说那些后现代的观点了），世界本身就具有人的特征。世界是由我们的判断、观察行为等塑造的。因此，似乎根本就不存在霍根和普特南所说意义上的世界。一种不那么极端的立场是康德的学说：*物自身*是人类的探索无法接近的。我们是通过我们自己的范畴[1]、概念和直观来接近这个世界的。我们不可能超越自身而达到那个独立于我们的范畴、概念和直观的自在的世界（或**世界**）。

当代学术界广泛持有的观点是由奎因、普特南、戴维森和伯吉斯所倡导的观点。这种观点——如果用生硬的措辞来讲——就是，对于厘清一个成功的理论中哪些是“人”的因素使然，哪些是世界的贡献这个问题，根本就不存在上帝的观点，也不存在一种我们可以用之

---

1. 范畴（category）是指用以表述思想、语言和实在的最基本的概念。而后文的“概念（concept）”是指由范畴导出的概念。—— 译注

将我们关于世界的理论与这个世界本身进行比较的视角。

这种康德－奎因哲学取向可以说意味着根本不存在所谓的客观性，或者至少是不存在我们可以感知的客观性。如果这种观点是正确的，那么本文所提出的问题根本就没有答案。但不论这种观点有多少可取之处，我都会拒绝，尽管我对康德－奎因取向抱有同情。可能不存在诸如完全客观这样的问题 —— 不论这种客观性指什么 —— 但似乎仍然存在需要加以澄清和运用的既有趣又重要的客观性概念。例如在像“纯净的水分子含有2个氢原子和1个氧原子”这样的陈述与像“西兰 100 花令人厌恶”“曼联队可恶”这样的陈述之间似乎有重要的区别。我们的问题是要搞清楚这种区分的哪一方包含数学。

克里斯宾 · 赖特的《真理与客观性》（C. Wright，1992）一书谈到过对客观性的一种解释，这种解释比我知道的其他解释更为全面，它提供了一种对基本概念的丰富而又详细的见解。赖特不是通过对**实在**的结构做形而上的研究来接近事物的性质，他不关心这个**世界**是否包含诸如道德属性或数之类的东西。他的注意力集中在分析各种言谈（discourse）的性质，研究这些言谈在我们的总体知识生活和社会生活中所发挥的作用。也就是说，赖特试图阐明，当我们试图谈论并理解我们发现自己所占据的这个世界时，对于我们 —— 语言使用者的社会群体 —— 来说，将一段言谈看成是客观的将意味着什么。

赖特认为，客观性不是一个意义明确的概念。客观性概念或客观性的基准（axis）形形色色，而一种既定的言谈只能用这种而非那种概念来表现。这些客观性的基准被冠以“认知约束”“认知律令”“尤西弗罗对比[1]"和"宇宙作用宽度"等名称。在以前的文章(Shapiro, 2007)里我说过,除了在接近基础的地方可能存在某些令人不安的例外之外,数学很容易通过这全部四项检验。数学在认识论上是不受约束的:存在不可知的真理。伽利略的观察表明,数学具有极其宽广的宇宙学作用:它囊括了所有可能的解释,其中大部分都是对非数学问题的解释。在尤西弗罗对比方面,数学站在苏格拉底一边——它不依赖于响应——同时数学很容易满足认知律令。总之,如果说还有东西是客观的,那么数学就是客观的。

另一方面,可能的例外——基础性方面的问题——显得非常突出,因为这些问题涉及上面所提到的康德-奎因问题的核心。这里我想重新审视一下上述客观性的四项基准之一——认知律令,因为它证实了这一主题,其效果甚至超出了我在其他文章里的预期。

按照赖特的理解,只有当言谈受到认识上的限制时,认知律令才被认为是一项客观性的基准。因此,我在这里暂且稍事停顿,简单描述一下客观性的这项主要基准。

认知约束是迈克尔·达米特(Michael Dummett)的反实在论概念的一种表述。根据赖特对这项基准的表述(Wright, 1992, 第75页),言谈在下述情形下将受到认识上的限制:如果对言谈中的每个

---

1. 尤西弗罗对比(Euthyphro contrast)也称尤西弗罗难题(Euthyphro dilemma),源自柏拉图的对话体著作《尤西弗罗》。这部书以尤西弗罗与苏格拉底对话的形式阐述了这样一个问题:"虔诚的行为是因为得到上帝的赞许而获得了虔诚的性质呢,还是因为它虔诚而博得上帝的赞许?"书中并未给出问题的答案,故称为尤西弗罗难题。它的实质是要挑明一个人的道德行为准则与善恶之间是否存在或存在怎样的因果关系。——译注

句子P有

$$P \leftrightarrow P\text{是已知的}$$

换句话说，如果一种言谈不包含不可知的真理，那么这种言谈就会表现出认知上的约束。

从“客观性”一词的本义似乎有理由得出这样的推论：如果认知约束对一个既定范围的言谈失效——如果存在这样的命题，在既定范围内其真理性不可能变得已知——那么这种言谈就只能有一种实在论的、客观的解释：

> 设想我们对一定言谈语境下的陈述的理解……通过给它们（指这些陈述——译注）指定这样的条件——潜在的超越证据的真理得到认可，即如果这个世界是按共同合作来运行的，那么任何此类陈述的真假都可以在我们的知识范围之外得到判定——而确立。这样……我们就不得不承认在下述二者之间存在区别：一种是不论在我们的言谈实践中采用什么标准都能使得这种陈述变为可以接受的状态，另一种是使陈述变成实际真理的状态。这种陈述的真理性的获得与我们采用什么标准无关……因此，达米特意义上的实在论是一种为下述观念奠定必要基础的方法：我们的思想渴望反映这样一种实在，其特征完全独立于我们和我们的认知操作。
>
> 赖特（Wright，1992，第4页）

101

换句话说，如果对于给定的言谈，认识论约束失效，那么这种言谈就是客观的，并且讨论到此结束。客观性的其他基准——认知律令、宇宙论作用和尤西弗罗对比——均与此无关，它们均不适用。另一方面，如果一个言谈受到认识上的限制——如果所有真理都是可知的——那么其他基准也将在客观性的重要方面显现。赖特就是这么论证的。但就目前的讨论而言，我们只需假设，在数学上，从“可知性”的某种意义上说，所有真理都是可知的。因此我们转向对认知律令进行简要刻画。

假设一个既定范围的言谈被用来描述一个独立于心灵的世界的特征，以便进行直观的理解。假设有两个人在这方面不同意某件事情，那么我们有理由相信这两人中至少有一个**歪曲**了实在，这样，在他或她那里，对事情的评价一定在某个地方出错了。例如，假设两个人在争论一个给定的院子里是有7棵而不是8棵云杉树。假设这个言谈中在关于何为云杉树的认定上没有任何含糊不清之处，对院子的界定也没有模糊的地方，[1] 那么我们就有理由相信，争论的双方中至少有一个人犯了错误：他要不就是没看得足够仔细，譬如他的视力有问题；要不就是他不知道何为云杉树，他做了错误的推论；再不就是他数错了，或者是其他情形的错误。也就是说，存在争议这一事实表明，争议的双方必有一方有所谓**认知缺陷**（尽管要认定到底是哪一方有缺陷通常并不总是很容易弄清楚）。

相反，两个人可能在“这个宝宝是否可爱”或是“这个故事是否幽默”等问题上意见相左，这里就不涉及认知缺陷问题。两人中的一

1. 后面我们再回头来谈模糊性问题。

人可能在品位或幽默感方面很独特，或者也许根本就没有品位或幽默感，但这些都与他的**认知**能力没有关系。他可以和其他任何人一样感知事物和进行因果推理。

客观性的这项基准就取决于这种区别，取决于是否存在可以不受指责的分歧。赖特（Wright，1992，第92页）写道：

102

> 言谈表现为认知律令，当且仅当我们可以先验地判定，观点的区别只有根据“不同的输入”才能得到令人满意的解释，也就是说，争议双方是在不同的信息（因此负有无知或失误……的罪责）的基础上讨论，或是在“不合适的条件下”（导致注意力不集中或注意力旁置并由此造成推理错误，或看错数据，等等），或是在“出错状况下”（例如，对数据评估有偏见……或过于教条，或在其他范畴上出错……）讨论。

直观地说，在有关云杉树的言谈中，认知律令管用；在有关宝宝是否可爱和故事是否幽默的言谈中，认知律令失效。

那么在数学领域情况会怎么样呢？赖特认为，认知律令显然适用于简单运算（第148页）。例如，假设两个人手工计算两个四位数的乘法，得出的结果不同。显然，两人中至少有一个出错。他可能忘了乘法口诀表（或者学习时就没有准确地记住它），再不就是运算时数位没对齐，或者注意力不集中，算错了。所有这些显然都属于认知缺陷。要全面评判赖特的这个结论，我们就不得不涉及维特根斯坦关于遵循规则的问题——这个问题似乎可以称为活动的客观性问题。但我们先把这些问题放在一边。

不管怎么说，数学里比简单运算复杂的问题多得多。认知律令是否对所有这些问题都适用呢？在专业数学研究中，一个严肃断言的认知标准是证明。因此，假设一位数学家，我们不妨称其为帕特，得出了一个他认为是对某个数学命题S的证明的东西，而另一个数学家克里斯对S心存疑虑，甚至在看了帕特提出的证明后仍持异见。那么帕特与克里斯之间的分歧就不必是证明结果上的分歧。他们对帕特所给出的证明是否够好——是否能建立起结论——这一点上看法迥异。帕特基于他的证明相信S成立，而克里斯不相信S成立，因为他根本就不认可帕特的证明的正确性。他可能认为S是假的，也可能他认为S根本就是不可知的。

在这种情况下，我们的问题是：我们是否能够先验地断定两位数学家里至少有一位表现出认知缺陷——假定分歧是真实的，至于到底是哪一方则是另一回事。

在专业数学的世界中，像这样的分歧经常发生。两个评审人可能对送审文章中的证明过程及其导出的结论持不同意见。这种分歧既不关涉评审人的能力，也不关涉论文作者的水平。但这种现象绝非数学所特有，任何足够复杂领域里的言谈都会有类似的“无可指责的”分歧存在。为了让认知律令有机会作为客观性的基准，并有助于获得有关纯数学状态的一些启发，我们必须将认知者理想化。[1]

在这里，问题的理想化可谓异曲同工。我们假定我们的对象在寿命、质料、记忆和注意力保持方面均无极限限制。在可计算性的数学理论和一般的数学逻辑里理想化指的就是这些性质。我们现在的讨论预示着有可能回到自身。为了评估认知律令在数学上是否成立，从而数学在这项基准上衡量是否客观，我们要谈及某些数学知识，使其理想化。我想大家都清楚，哲学做的是整体性研究。 103

对于数学的价值所在，在我看来，数学追求的更像是发现而不是发明，更像是获取真理而不是表达一种态度。作为一个有兴趣的局外人，在我看来还有一点需要指出，在大多数情形下，数学界呈现出一种明显的趋同倾向，或许是这种倾向在数学里表现得要比在其他领域更甚。从历史上看，至少在当下，有关某项论证是否正确的争论不会永远持续下去。除非争论双方失去了兴趣——那肯定是非认知性问题——否则实际的分歧似乎总是会得到令各方满意的解决。例如，到最后每个人都会同意，某些步骤是无效的，或是某项前提被取消，或是论证最终得到肯定。有确凿证据表明，在专业数学领域，认知律令成立，至少在适当的理想化情形下如此。

定义一个*形式上的证明*，就是用形式化语言给出一组句子，其中

---

1. 我在上面指出过，按照赖特的理解，认知律令仅当言谈受到认识论上的限制——仅当不存在不可知的真理——时才是客观性的一项基准。这里我们假设，数学受到认识论上的限制。为了给出这样一个机会，我们还必须只谈理想化的数学家。这些非人类数学家肯定能够知晓这样一些真实的命题，对这种命题人类数学家之所以不知晓，仅仅是因为命题所要求的计算太长，难以在太阳落山之前完成。

每一步给出的或是明确指出的公理，或是前提或假设，或是由前面的步骤通过原始的推断法则得到的其他什么东西（至少在作者看是如此），所有这些陈述是如此基本以至于做进一步分析已没有意义。在实际的数学研究中，我们并不总是明确一项给定的证明是否具有唯一的形式。在涉及如何将一段已发表的数学研究形式化方面，是否存在独立于判断及其类似性质陈述的客观事实呢？我承认，对此客观性的对手有一定的操控空间。从实际数学言谈——毕竟这是我们所关心的——到理想化数学家的完全形式化证明的变动可能不由完全客观的标准支配。但正如上文所述，在此情形下完全客观性不太可能做到。我们探索的是，在何种程度上数学在这项基准上看是客观的。

让我们回到我们想象的数学家帕特和克里斯的情形，当然现在的情形经过适当的理想化。假设帕特对数学命题S提出了一个完全形式化的证明Π，而克里斯拒绝接受这个证明，对其结论持异议。

104 假设帕特和克里斯对于出现在证明Π里的每一行公式都有一致的理解，那么这里的分歧就可能涉及其中一人身体上某个部分的认知缺陷，譬如他或她的眼神不好。这样，无论是帕特还是克里斯，都有可能在Π的某个公理、假设或前提下产生分歧，或是两人对帕特的原始推理规则的有效性达不成一致。

在数学上，表面上的对前提或公理理解上的分歧不是真正的分歧。两位数学家谈的都只是彼此的过去。帕特现在从事的是某种结构（或结构类型）研究，其部分特征由推导Π的前提刻画；而克里斯更青睐于另一种结构。一个对毕达哥拉斯定理持有异议的数学家（因为他不假定平行公设成立）不会真的反对欧几里得几何。他们从事的是不同的理论、不同的题材的研究。

当然，数学家们并不总是这样想。据说，他们曾将有关几何的问题看成是关于（物理）空间结构或与知觉有关的直觉结构以及其他类似东西的问题。阿尔贝托·科法（Alberto Coffa，1986，第8页）描述过这种历史性转变：

> 在19世纪后半叶，借助于一种仍有待解释的过程，几何学界得出的结论：所有可能的几何都已明了……科学家群体以一种非临时性的方式就某一领域内一组互不协调理论的所有分支达成一致，这恐怕还是第一次出现……现在，哲学家们必须搞清楚……数学家对几何的态度的认识论意义……这项挑战对哲学家是一种艰难的考验，对此（悲观点说）他们都可能折戟……

我用当前的情景来重申这种观点。如果我说帕特和克里斯只是在论证到前提或公理方面意见相左，相信他们不会完全不同意。实际上，他们的话指向的是不同的东西。他们是在两种不同的结构框架下工作。这就解释了为什么数学理论在变得（至少不是现在）对科学无用后没有作为伪科学被丢弃的原因。迈克尔·雷斯尼克（Resnik，1997，第131页）称这种现象为“欧几里得救援”。

如果意见分歧涉及更为基础性的问题，那么事情可能就不会这么简明。假设“有争议的”证明的最终结果是一个实分析的命题，帕特的证明要用到集合论的原理，如连续统假设或大数假设，而克里斯不接受集合论原理。这样争论的焦点自然会集中到集合论这一背景理论上来。这里我们同样可以诉诸欧几里得救援，说帕特和克里斯是在不同的结构框架下研究，只是因为他们的集合论背景不同。譬如帕特用的是分析加集合论A，而克里斯偏爱用分析加集合论B。由于集合论的概念遍及数学的各个分支，加之集合论的基础性作用，因此这种区105别并不像譬如欧氏几何与非欧几何之间区别那样一目了然（见Maddy，2007，第358～360页）。这个问题可以说是扑朔迷离，其程度已超出本文的讨论范围。我们不得不考虑数学是不是可以有不止一个的基础，并且，如果是这样的话，我们该如何搞清楚这些基础之间的关系。

不管怎么说，集合论背景下的争议就像是剩下的一种可能性，数学家所持态度的差异可以追溯到他们的逻辑。假设克里斯对推理法则持有异见，而这条法则在帕特看来已基本到不能做进一步分析的地步。譬如，假设帕特的证明要用到排中律，而克里斯拒绝排中律，因为他是个直觉主义者。这样就带来了一个逻辑的客观性的问题，这个问题可能需要（已经）由另一篇长篇论文（Shapiro，2000）来回答。个中细节已经超出了我们目前所关注的问题，但我认为，除了可能的认知约束之外，某些先决条件和逻辑已经经受住赖特的客观性检验。但我们应当从中得出什么结论目前尚不清楚。

这里一个潜在的麻烦是，赖特大部分的客观性基准都是按逻辑制定的，因此似乎是只有在我们确定了一种逻辑之后才可以运用各种基准。就是说，客观性的各种基准预先假定了一种逻辑（虽然是以哪一种逻辑为前提的问题尚未解决）。因此，我们甚至很难看出在何种程度上可以在赖特设定的框架下追问这种逻辑的客观性。

有人可能会援引欧几里得救援来处理逻辑，对它采取折中的态度。比方说，有论文认为传统的分析和直观的分析是两个不同的主题，它们之间的冲突并不比欧氏几何与非欧几何之间的冲突更激烈。如果我们继续沿着这条路线走下去，那么在一定意义上，所有的数学——一旦经过适当的理想化后——都可以还原为演算。这样问题就变成仅仅是对于不同的演绎系统可以得出什么样的结论的问题。在此之外数学没有任何内容。我们保留认知律令，但代价是数学家之间不存在任何有趣的、真正的纠纷。有可能起“纠纷”的双方用的不是同一种语言。我们似乎已经使自己陷入某种数学形式主义——至少是一旦经过适当的理想化，我们就可以运用客观性基准。当然，我们仍然将维特根斯坦的规则遵循问题放在了一边。

让我们简要地探讨一下另一种情形：古典数学家（克里斯）和直觉数学家（帕特）彼此间有真正的分歧。这时我们可以问，按照认知律令的基准，这个问题是否是客观的。这里要趟的浑水更多。

我们的问题是理想化的纠纷当事人——克里斯或帕特——是否会表现出认知缺陷。在赖特给出的上述认知律令特征中，缺陷表里有一项是“推理错误”。[1] 帕特当然会指责克里斯推理错误。克里斯援引

1. 回忆一下：“言谈表现为认知律令，当且仅当我们可以先验地判定，观点的区别只有根据‘不同的输入’才能得到令人满意的解释，也就是说，争议双方是在不同的信息（因此负有无知或失误……的罪责）的基础上讨论，或是在‘不合适的条件下’（导致注意力不集中或注意力旁置并由此造成推理错误，或看错数据，等等），或是在‘出错状况下’（例如，对数据评估有偏见……或过于教条，或在其他范畴上出错……）讨论。”（Wright，1992，第92页）

排中律，但在帕特看来这是不对的。然而，赖特似乎没有考虑到这一
106 点。他将“推理错误”归因于“注意力不集中或注意力旁置”的结果，而不是一种涉及逻辑结果本身性质的深刻分歧。而我们在这里对人物已经做了理想化，克里斯和帕特都不会犯注意力不集中的错误。因此，如果认知律令在此成立，那么我们就不得不寻找另一些类型的认知缺陷来解释我们的理想化数学家之间的分歧。

可以说，逻辑选择是一种整体性行为，虽然这又是一个有争议且无法在此得到圆满解决的问题。纳尔逊·古德曼曾制定“宽的反应平衡”方案并被约翰·罗尔斯用于解释正义，雷斯尼克则提出了一种此方案的改编版：

> 我们从自身对逻辑正确性（或逻辑必然性）的直觉开始。这些直觉通常以一组测试案例的形式出现，譬如我们所接受或拒绝的论证，我们当作逻辑上必然的、不一致的或等价的陈述……，等等。然后我们试图建立一种合乎逻辑的理论，其陈述符合我们最初所考虑的判断。初步尝试就想在理论和“数据”之间形成精确的配合是不可能的……有时候……我们会形成我们自己的逻辑直觉以进行有力的或精准的系统考虑。总之，“理论”会使我们拒绝“数据”。此外，在决定我们必须放弃的东西时，我们不仅要考虑逻辑理论本身的优点……而且还应考虑该理论以及我们的直觉如何与我们的其他（包括哲学上的）信念和承诺相一致。当该理论不再拒绝我们所决心维护的任何例证，也不再支持我们所决心拒绝的任何例证时，该理论便

与其最终的、考虑成熟的判断达到了…… 宽的反应平衡。

雷斯尼克（Resnik，1997，第159页）

这里存在另一种麻烦的循环论证。为了检查一个理论是否处于反应平衡，他必须进行逻辑推理。他必然会得出合乎其逻辑理论的逻辑结果，以便检验该结果是否与其直觉和其他“数据”相一致。我们不可能严格刻画反应平衡在逻辑选择上是否呈中性。我们只能针对一种既定逻辑来谈反应平衡。

不过，也许争论双方之一无法通过自身达到反应平衡。这肯定属于该争论者的一种认知缺陷。但是，我们可以肯定这种现象总是会发生吗？也就是说，我们能够排除认知上无可指责的分歧吗？

事实似乎并非如此，虽然我们很难看出人们是如何为此构建一项论证的。有可能我们的两位理想化数学家——帕特和克里斯——依据各自的逻辑都是反应平衡的。如果是这样的话，我们又如何以中立观察者的身份来指责其中一方的认知缺陷呢？ 107

在逻辑客观性的整个问题上也存在某种困扰。对于任何范围的言谈，严肃的争论都包含逻辑。无论什么范围，争论各方都有他自己的推理逻辑，并根据这种推理得出各自的结论。无论逻辑的应用范围有多广，有关逻辑的分歧或差异注定会导致分歧或差异出现在论证的任何地方。如果逻辑都失去了客观性，那么还有什么地方可以谈得上客观性？

我很抱歉，对于逻辑的客观性，以及某种程度上对数学的客观性，没能给出一个清晰的结论。由于逻辑在我们的理论化过程中起着核心作用，因此我们很难通过明快的处理将它区分开来。任何企图刻画客观性是如何被裁决的问题都必须以逻辑为先决条件。

如果我们还记得康德-奎因的论点，即我们没有办法将理论中的世界因素与人的认知因素截然分开来，那么这种情况就可以做得更合意。我认为，由此带来的一个结果是要求完全客观性是没有意义的。因此，某种程度上说，放弃特定范围的言谈的客观性并不会使客观性完全被消除。这是整体怪兽的性质。

赖特在他的书的后面（1992，第144页）对认知律令的制定增加了一些限定条件。这些条件看起来是要在为取得反应平衡而斗争中处理好整体裁决的问题。莱特认为，当且仅当下述条件成立时，言谈才行使认知律令：

> 这一点可以看作是先验的：除非像在有争议的陈述中，或在可接受性的标准中，或在个人的证据阈值出现变化时，模糊的结果是可以谅解的，否则在言谈内所形成的观点之间的差别可以说与某种能够被描述为一种认知缺陷的东西有关。

也就是说，赖特认为，那种取决于模糊性、可接受性标准等的无可指责的分歧不会损害认知律令。为什么会有这些例外？制定认知律令标准的最初动因究竟是怎样的，为什么认知律令没有以这种或那种方式提到模糊性、证据阈值等的问题？这是不是可以看作伊姆雷·拉卡托斯的所谓“怪物排除法[1]”的一个实例（Lakatos，1976）？就是说，我们一旦发现理论的某些部分似乎不合适，就直接把它们排除出去。

尽管赖特没这样说，但我认为，认知律令的细致表述版本中列出的例外实例是符合康德-奎因论点的。按照赖特对模糊性的理解——也是我的观点（Sharpiro，2007a）——模糊词项是依赖于响应或判断的，至少在其边缘区域是这样。他写道，“很想这么说……一个包含（一种）模糊性的陈述表现为这样一个事实：某些情况下，认知上清晰的、得到充分了解并具有适当函项的主题在表述上可以相互各异且无可指责。”然而，在非常客观的研究领域，如自然科学领域，模糊词项是行得通的。仅仅因此并不能损害其客观性，除非我们以一种全有或全无的方式来处理这一问题。同样，在世界因素与人的认知因素混杂的理论中，“可接受性标准”，尤其是“个人证据阈值的变化”，更接近于“人”的一方而离“世界”较远是合理的。当然，保守的科学家，那些在提出断言时更为谨慎的人，较之那些从事纯理论研究的同事，不必有任何认知上的缺陷，反之亦然。因此，追溯到这种差异的分歧不必破坏认知律令。 108

有关数学及其逻辑的更基础的问题同样如此。指向整体性考虑的分歧最终可能会（譬如）部分地因为理论家对所发现的东西的趣味——讲求精致还是简单——而被裁定。某个数学家可能偏好构建性数学所产生的细微区别和较清晰的界限，而另一位数学家则可能

1. Monster-barring，见拉卡托斯《证明与反驳》（中译本，方刚，兰钊译，复旦大学出版社，2007年第1版）。——译注

追求统一，在某种程度上说，即追求经典数学的简单性和易于处理的元理论。也就是说，可能正是对于某些基础性问题，其探讨更接近于“人”的一方而非互联网上的“世界”一方。即使是这样，我们也并不能导出数学不是客观的，甚至认为数学不具有客观性范式——我们用以衡量其他言谈的标准之一——这样的结论。

评斯图尔特·夏皮罗的“数学与客观性”

109

吉迪恩·罗森

斯图尔特·夏皮罗间接地处理数学的客观性问题。他不是探求数学事实是否以某种方式依赖于人的思考，而是探求数学言谈展现的是否就是赖特所谓的认知律令。他在本章里预先假定这些观念都以一种简单的方式联系在一起：

如果言谈不能展示认知律令，那么言谈所涉及的事实就不是客观事实。

在这篇评论中，我对这项原则提出疑问。

假设你我之间对瓦格纳的歌剧《尼伯龙根的指环》所展现的美看法不同。你说这是一部杰作，我说它很无聊。假设我们都认同歌剧及其背景音乐非常优美，观看演出时我们也都没喝醉或是注意力不集中，我们的判断作为对外界的反应是稳定的，那么，即便我们双方都牢牢把握基本事实，双方都没犯推理上的错误，我们仍会有不同的见解。迫于要解释这种分歧，我们可能会将问题简化认为我们之间的分歧仅仅是因为我们对这个问题存在着彼此不相容但各自协同一致的审美感受。

粗略地讲，如果每一项分歧要不就是不同的输入——即争议双方可获取的信息有差别——的结果，要不就是某种认知障碍或推理出错的结果，那么认知律令就会在某个地方显现。上面这个例子表明审美言谈（aesthetic discourse）没能展现认知律令，因此鉴于上述前提，这个审美事实就不是客观事实。夏皮罗认为（有一些限定条件），数学言谈以完胜的姿态通过了检验，因此就目前的这一标准而言，我们没有任何理由怀疑数学的客观性。

110　这是正确的吗？近代数学已经是一个从公理出发通过规则来证明定理的体系，因此任何不是由简单错误造成的数学分歧总可以追溯到要不就是公理方面的分歧，要不就是逻辑规则方面的分歧。让我们暂时将逻辑分歧放在一边。逻辑分歧是一个重要问题，但正如夏皮罗所指出的，这个问题很难在赖特的框架内讨论。如果我们聚焦于公理方面的分歧，那么首先要强调的（正如夏皮罗做的那样）就是，虽然这种分歧偶尔在数学里出现（例如，关于几何的平行公设的争论），但近代数学已经有一套解决这个问题的标准方法。这个想法是把有争议的公理当作特殊数学结构的定义条款。譬如几何学家曾对平行公设的绝对真理或虚假的性质有不同的意见，而近代数学家则会说："有些空间是欧氏的，有些则不是，这条公理之所以在每个欧氏空间下成立，是因为满足该公理是构成欧氏空间的条件的一部分。但它在其他空间下未必成立，这方面例子很容易给出。"对于这个解释，探求这条公理是真还是假是没有意义的，因此对其真理性的认识是否达成一致也没有意义。

数学上的表观冲突通常可通过这种方式来解决，但情形并不总是这样。数学的一个核心问题是确立满足各种条件的数学对象的存在性。现在，存在性的证明总是需要至少一条存在性公理。如果某人检验实数域下的数学，会发现我们总是能够简单合法地断言存在自然数和某些自然数的集合。这些存在性断言不单纯是条件或假设。当数学家通过构造（譬如说）R^3 上的一组公理（模型）证明了双曲几何的自洽性，他的定理的内容是：“如果存在数，那么一定存在一个公理模型。”他的证明彻底地确立了模型的存在性，这意味着它必然包含至少有一条存在性公理断言。

当然，对于自然数以及由自然数构造的某些数集的存在性，数学界并没有真正的分歧。但在应用认知律令检验时，我们并没限定只专注于有关实数的分歧。即使对于《尼伯龙根的指环》的华美没有实际的分歧（感谢统一的音乐教育），仅仅是上述可能的分歧也足以表明，审美言谈通不过客观性的认知律令检验。同样道理，对于标准数学的存在性要求，仅仅是可能的分歧就足以确立至少在数学的某一部分是存在非客观性问题的，只要这种分歧不会被追溯到“不同的输入”或“推理错误”。

这种分歧显然是可能的。由传统方式培养的数学家发现，基本算术的存在性断言是一望便知的，因此无须证明就可接受。但我们知道，有可能某个人就是认为这些公理不是显然的。毕竟，就有哲学家基于下述两点明确拒绝将其视为当然：（1）它们没有内在的合理性；（2）有利于这一断言的每一项支持性论据均缺乏说服力（*Field*，1980；另见本书玛丽·伦的文章）。例如，这些哲学家通常会指出，数是某种不可见的、非物质的实体，这种东西的存在性不是显然的。 111

我想可以将这一点想象成一种真正的感性（*sensibility*）冲突。有些人认为存在性公理是显然的，因此对其持肯定态度，另一些人认为存在性公理并不完全是显然的，故持保留意见。这算不算一个“不同输入”的问题？当然，公理的情形也不尽相同。但如果我们在运用认知律令标准时把它当作不同输入的问题，那么我们不得不说我们在瓦格纳的歌剧问题上的分歧也是一种不同输入的问题，这将使标准变得无足轻重。推理中的错误或其他一些认知障碍算不算分歧？也许算，但如果把它归结为公理合理性的内在的分歧，我们很难看出为什么应该是这样。

在标准的数学的存在性假设问题上存在各种可能的分歧这一点表明，普通数学可能不会表现出认知律令。由此我们是不是就能得出数学毕竟不是客观的这个结论呢？不能。我们能得出的结论是认知律令是一项有缺陷的客观性标准。客观性在这种意义上是一种形而上学的概念。所谓某个事实是客观的是指它不依赖于任何有趣的思想或语言方式（Rosen，1994）。从这一事实——在“数学合理性”的意义上说数学分歧的变化是可追溯的——我们得不出有关这个问题的形而上学方面的任何结论。如果我们发现，有关上帝的存在性的分歧有时可追溯到神学“感性”上的差异，那么我们是否能由此得出结论：上帝的存在（或不存在）在某种程度上依赖于我们的心灵？我们可以得出的结论只能是，我们关于上帝存在的判断并不是由证据严格强加给我们的。但是，这个结论的要点是这些判断的认知状态，而不是与它们有关的事实的形而上学的性质。

112

答复吉迪恩·罗森

斯图尔特·夏皮罗

我倾向于同意吉迪恩·罗森对我的“数学与客观性”一文的评论

意见。特别是，我同意他的这一观点：克里斯宾·赖特的认知律令的概念本身不提供客观性的必要和充分条件。我的这篇文章（以及两篇其他文章）的目的是检验数学与赖特有关客观性的不同基准之间是否相互抵触。不过我认为，关于认知律令作为至少是一种可撤销的标准有其正确的地方，这是一个阐明其范围和限制的问题。我同意赖特的这一观点：客观性不是一个意义明确的概念。存在各种方面的客观性，不是所有这些客观性都能够彼此排在一起。

在另一篇题为“客观性、解释和认知不足”的文章里（见待出版的克里斯宾·赖特纪念文集），我提出了这样一个思想实验：两位科学家彼此意见相左，但每个人在有关证据的总体平衡方面都处于反应性平衡状态。两个人都不会轻易出错。然而我们不愿意就此得出这样的结论：科学一般来说不是客观的。这篇文章的评审人指出，赖特的标准本身并不能对因主观性问题（如罗森关于瓦格纳的歌剧《尼伯龙根的指环》的例子）的非客观性质所引起的认知律令缺陷与因证据贫乏而造成的缺陷加以区分，这在需要对证据进行整体评估的问题上尤为如此。也许对罗森关于数学存在性的例子和虚构主义的一般性哲学主题，都可以做同样的理解。文章评审人是从其他不成功的尝试划分认知意义的历史的角度来看待这个问题的。

在他的评论的最后，罗森暗示，认知律令似乎没站对位置：客观性是一个纯粹的形而上学的问题，而认知律令是一项具有广泛意义的认知标准。我不同意这一观点，但这里不是讨论这个一般性问题的地方。

113

第 9 章 数学对象的实在性

吉迪恩·罗森

如果明了真相，就明白不存在数这种东西。这不是说在15和20之间不存在至少两个素数。

保罗·贝纳塞拉夫，“数不可能是什么”(Benacerraf, 1965)

问题

保罗·贝纳塞拉夫的著名论文的最后这句话是一桩公案：看似废话，但点出了——或者说似乎点出了——一个深刻的真理。在15和20之间存在[1] 两个素数，这是一条基本的算术定理。因此任何承认算术基本定理的人都必然同意在15和20之间存在两个素数，因此至少存在两个数，因此存在多个数。然而数是真实存在的想法——真实世界包含数学对象就像包含枪和兔子一样自然的想法——听起来会让人觉得荒谬或困惑。因此我们发现哲学家总在使劲地阐明以下立场：

> 当然也存在数（以及函数、集和其他各种数学对象）。
> 但这只是在数学里，这一点我们没有争议。而在另一

1. 在本文中，“存在”一词可按“独立于物质世界的真实存在”来理解。——译注

种意义上——形而上学的意义上，并不存在数。数不是真实的存在。数不是任何一种具体的东西。[1]

显而易见，这种言论像其立场一样相当令人费解。假设灭虫专家告诉你，你家阁楼上有松鼠，然后他又继续补充道，当然，在严格的和哲学的意义上说，不存在松鼠。或者假设某个天体物理学家报告说，在某个星系的中心有三个黑洞，然后又说："顺便提一句，黑洞不是真的，它们不是具体的东西。"如果你像我一样，你会发现这些言论不可理解。然而在数学哲学上有一种普遍的意识：这种阐述方式，虽然可能不是像人们乐于接受的那样明晰，必须在某种意义上得到理解。 114

本文试图阐明什么是有条件的数学实在论。这种实在论之所以是实在论的一种形式，是因为它坚持认为数学对象是存在的。而之所以称之为有条件的实在论，是因为它认为这些数学对象毕竟在形而上学看来是属于"第二等"的。困难在于这种条件指的是什么。

我一度曾认为，以这样一种方式来产生一种值得讨论的有条件的实在论是无法做到的（Rosen and Burgess，2005；Rosen，2006），现在我认为这种悲观情绪是不成熟的表现。本文的目的是对有条件的实在论者可能心中所想的那些东西给出一种解释。它是这样一种解释，按照这种解释，从某种形而上学的观点看，数学对象是与某种范式——日常经验的对象，也许或是物理科学的对象——作不恰当的比较。我并不赞同下面将要讨论的有条件实在论的观点，但我相信这

1. 有关这一思想的最新陈述，见Dorr（2008）。

种观点值得我们注意，其目的只是要把这种观点摆上桌面。

关于数学对象的简约实在论的事例

在我们开始之前，综述一下实在论本身的事例（Burgess，1983；Burgess and Rosen，1997；Rosen and Burgess，2005）也许有助于我们对后文的理解。

所谓有关数学对象的简约实在论，我指的是断言数学对象存在的实在论。这里的“数学对象”可谓包罗万象，包括数、函数、集合、群、空间、模型、向量、范畴、方程组、形式语言和数学涉及的其他各方面对象。我们说数学对象存在，这句话的意思是至少存在一个这种类型的对象，或者说，这样的东西是存在的。

在这种语境下我一定要用“exist（存在）”这个词吗？我不认为是这样。与“存在”有关的习语——谓词“exists”，以及像“there are ...”，“there exist ...”，“at least one ...”等定量表达式——都是数学的日常语言的一部分。这些习语在语言上都是等价的，它们的含义很清楚。这就是为什么在标准的数学形式化表达中它们都可以用一个符号“∃”来表示的原因。如果你正在阅读本文，说明你已经明白这种语言，我建议你就按照这种理解来把握全文。因此我想补充一点，当我说简约实在论指的是“数学对象存在”这样一种观点时，我是在通常的数学意义——即一个高中学生或一位职业数学家在谈到某个方程有两个解时心里所想的那种意义上来使用“exist”这个词的。它不是一个定

115

义，但它足以满足本文的需要。[1]

按照这样的理解，简约实在论就不是一种深奥的形而上学的断言，而是一种数学上的断言——一个有关数学最基本部分的平凡结果。正如前文指出的，它是一条表明在15和20之间有两个素数的算术定理。这条定理要求必须至少存在两个数，因此至少存在两个数学对象。因此任何接受算术基本知识的人除了接受简约实在论别无选择。

我们应当接受算术基本知识吗？我们有什么理由要相信在15和20之间有两个素数？在我看来，初等数学的断言与其他方面的常识性断言——例如断言我们生活在一个真实事物（即使我们没注意到它们，它们仍存在在那里）的世界里，再譬如断言生活在与我们相同的环境里的其他人类也具有有意识的心理活动——有同样的地位。当然，常识容易出错，但是，如果一个哲学家（或科学家或其他人）希望对常识性断言提出疑问，那么他必须给出怀疑的理由。而就算术基本知识而言，这样的理由根本不存在。算术在数学基础上显然是无懈可击的。[2] 如果我们将接受或拒绝一个理论的普通的科学标准作为权威，那么每一门成熟的科学都将运用数学视为当然这一事实就足以表明，广义上的科学活动从来没有对算术提出过怀疑。如果说在这一领域还存在任何怀疑的理由，那么这些理由必定出自独特的哲学理由。

---

1. 我可能只是简单说明了我在用“exist”和其他表示存在的习语时均按这些词在日常英语中的意思来理解。正如奎因强调的，没有充分的理由相信这些词就意味着数学上的一个对象或其他领域内的某件事情（Quine，1960，§27）。是人都明白数不同于桌子、夸克和心理想象。但如果所有这些东西都是一种存在——即世间就有这种东西——那么我们就没有理由假设它们是以不同的意义存在着。

2. 某些具有哲学头脑的数学家曾对经典算术的某些部分（例如，非直谓的或非构造性的部分，见Nelson，1986）表示怀疑。我们不必对这些具体化的争论太过在意。构造性算术包括存在性断言，例如断言在15和20之间存在两个素数。

我不想对哲学家们在这种语境下所发展的论据进行点评，但我会（很简单地）谈谈为什么我觉得它们缺乏说服力。现有的论据分为两类。一些哲学家认为，我们应该拒绝标准数学，因为存在数和数类是件很奇怪的事情。这确实是真的。如果存在26这样的东西，那么它既明显不同于我们日常经验的对象（如桌子等），也有别于物理学所揭示的那些不为常人所熟悉的对象（如夸克等）。那它是什么呢？要想以这个理由来倡导拒绝算术，那么宏大的形而上学体系（有时也被称为物理主义，按照这个学说，一切绝对存在的事物都应像桌子或夸克那样真实）要比像15和20之间存在两个素数这样的算术断言更让人信赖。但是如果问题是在宏大的形而上学体系与算术基本知识之间进行取舍，那么在我看来，很明显，形而上学应当作出让步。

116

另一类哲学家拒绝基本算术是因为他们认为，如果存在数和其他数学对象，那么我们就没有办法知道关于它们的任何东西。这种断言通常得到关于知识的一般哲学理论的支持。根据这一理论，获取知识需要通过知识获取者与其研究对象之间的某种形式的互动才能实现（Benacerraf，1973）。这些理论最初被发展出来用于解释经验知识，从这个目的来看，它们也许是有用的。但如果哲学家坚持认为它们对于完全一般性的知识仍能够成立，那么他就将面临一种严峻的困难境地。这些约束性理论通常会要求，确定数学观点的通常方式——计算、证明、非形式数学论证——不可能成为知识来源（因为它们不涉及研究者与数之间的因果互动），因此，那些以通常方式相信235+657=892的人其实并不真正理解为什么235+657=892。但这样问题就来了：为什么这个例子不能看作是对这些哲学家的理论的一个简单的反例？在其他领域，当一种哲学理论与外界公认的事实不相容时，通常的反应是重新考虑理论或重新限定其适用范围。知识哲学理论必须能够容纳数学知识这一显然的事实。如果理论与这一事实有冲突，那只能说这种理论没用到家了。

这只是对复杂的辩证逻辑的一种粗略的勾勒，但其中的主要策略应该是明确的。不论是以数学的相关准则来衡量，还是以科学和常识的标准来衡量，数学中的核心断言都是无可非议的。因此，对这些断言的任何哲学挑战都只是某种特定的怀疑论性质的挑战，这种挑战依赖于明确地将哲学原理应用于其本身并非纯哲学问题的问题上。这种怀疑论挑战出了名的软弱。当思辨哲学与公认的科学知识或常识有矛盾时，正常的反应——我相信这也是合理的反应——是怀疑哲学家是不是错了。这不是一项颠扑不破的原则，但却是一条很好的经验法则。如果在目前的这种语境下我们遵循这一法则，那么我们别无选择，只能得出结论：因为在15和20之间存在两个素数，因此，数学对象存在。

有条件的实在论：一个例子

这样看，简约实在论不只是一种哲学上的断言，而是公认的数学的一个（微不足道的）部分。但对许多哲学家来说，这种观点让人形成一种令人反感的图像——数学像是一门动物学，一门以描述特定类别事物的奇妙行为为目的的科学。二者的主要区别在于，在数学里，[117] 我们感兴趣的对象是数和那些完全不可见事物的无限性。[1] 正是这种

1.“算术就像是数的自然史（矿物学）。但是谁像这样来谈论它呢？我们的整个思维都贯穿着这种观念。”（Wittgenstein，1956：1967，Ⅳ，第11页）

思想，包括其他一些思想，使得哲学家沿着我们称之为有条件实在论的方向探索，即形成数不是在狮子和老虎这类东西的意义上为真的东西。我们的任务是要给这种暗思想一种意义。

我们从一些似乎鼓励这种空话的观点下的例子开始。这些例子全是各种版本的算术还原论。一般来说，还原论在这方面的论点是站得住脚的：某种程度上，算术事实就是最基本的事实，没有其他更基本的事实作为其基础。现在，与此有关的一些还原论者的建议已不具有有趣的形而上的意义。如果理论家用纯集合的概念来标识具体的数——譬如称0是空集，接下来，数n是一个集合，它有唯一一个元素是n——那么算术的每一个事实都可以还原为集合论的事实。然而，这种还原论本身没有要抨击数的实在性的倾向。毕竟，它与下述观点是一致的：集合的概念与任何类似于实际事物的可能的东西一样坚挺，由于这种观点将数等同于集合，因此它与有关数的无条件的、十分牢固的实在论是一致的。

当我们考虑那些旨在将数学某些部分的真理还原为那种能用某种更基本的词汇（即那种不会将数学对象等同于更基本的理论所认同的对象的词汇）来表述的真理的建议时，我们便得到一种更有趣的还原论形式。作为证明，我们来考虑算术哲学里的形式主义。*形式主义*哲学的核心思想是，算术最终只与事物的语言域相联系。相反，只要算术有适当的题材，它便是算术语言本身及其句式之间的某种形式上的关系。[1] 这里给出一个这种观点的简单版本。令PA是初等算术的通

1. 这种观点在当代哲学家中信奉者寥寥无几，虽然数学家们常发现它很合己意。见Curry（1951）。有关弗雷格对形式主义的著名的反对意见的陈述和评判，见Resnik（1980）。

常形式：一阶皮亚诺算术。[1] 设PA_ω是这一理论的升级版（补足了推理 118 的无限性法则——奥米伽法则（ω-rule），即允许推理从无限序列前提$A(0)$，$A(1)$，…，$A(n)$…推得普适量化的结论：对于所有的数x，$A(x)$，PA_ω显然是一个完好的理论。公理是真实的，推理法则维护真理。更重要的是，PA_ω在下述意义上也是一个完备的理论：在算术语言中，每个句子A具有这样的性质：A或A的否定句总有一个在PA_ω中是可证明的。[2] 这意味着，任何接受标准算术的人都应接受以下的等价陈述：

对于算术语言的任何句子A，A为真当且仅当A在PA_ω中是可证明的。

就其本身而言，这种等价性是一个没有什么特别的形而上学意义的数学事实。即使是最顽固守旧的柏拉图主义者也会接受它。现在我们来考虑具有形式主义特征的断言：

---

1. 包括支配后继函数的基本原理在内的公理如下：
0是一个数，0不是任何数的后继数，
每个数都有一个后继数，
没有两个数有相同的后继数。
加法和乘法的递归方程为：
对于任意数x，有$x+0=x$，
对于任意数x和y，$x+y$的后继数=$x+y$的后继数；
对于任意数x，有$x\times 0=0$，
对于任意数x和y，$x\times y$的后继数=（$x\times y$）+x。
数学归纳公理：
如果0是函数F，且如果对所有的x，$F(x)$蕴含F（x的后继数），那么每个数都是F。
2. PAω的完备性与哥德尔著名的不完备定理是相容的。哥德尔定理表明，任何包含基本算术的相容性理论必然是完备的，前提是这个理论是递归可枚举的。粗略地说，所谓一个理论是递归可枚举的是指列举其定理存在有限的机械过程——计算机程序。从这个意义上说，PA_ω不是递归可枚举的，因此哥德尔定理对它不适用。

对于任意真的算术句子A：

A为真，因为A在PA_{ω}中是可证明的；或者

使A为真的东西在PA_{ω}中是可证明的事实；或者

A为真是基于这样一个事实：A在PA_{ω}中是可证明的；

A为真包含在A在PA_{ω}中是可证明的这一事实中。

这里的楷体语词不是数学的正式词汇的一部分。数学使我们确信，有关自然数的断言等价于某个形式体系下某个句子的形式可证明性的断言。但形式主义的独特的断言是：算术事实是以某种方式建立在这些证明理论的事实基础之上的，因此相应来说，证明理论的事实更为基本。从数学的角度来看，这种断言很不专业。它是一种关于算术形而上学的独特的哲学断言。

我们注意到，即使还原论性质的形式主义者将语言学上的某些成分（句子和形式系统）看作比数更基本，他也不能否认数的存在。由于算术的存在定理（例如，在15和20之间存在两个素数）在PA_{ω}中都是可证明的，因此形式主义者必须承认这些定理都是真的。但正如我们已看到的，如果这个特定的定理是真的，那么就存在两个素数。因此形式主义者必须接受（就像人们喜欢强调的那样）*存在数，数存在*。就我们的目的而言最重要的是他接下去要说的东西，即全盘接受数的存在等于某些句子能够以某种形式计算方式从某些其他句子导出。正是在这一点上，他开始变得不像有关数的十分牢固的实在论者。

119

对此人们试图解释如下。如果数是第一位的，那么我们关于数的断言就可能是真的，这些断言为真的部分原因是数有它自己的存在

方式。看看动物学就知道这是怎么回事。企鹅是实实在在的东西，关于它们的真实断言之所以为真，至少部分原因在鸟本身。相比之下，在如形式主义所理解的算术中，关于数的陈述之所以为真（当此时），是因为这种陈述能够以某种形式规则从某些公理中推导出来。数本身在奠定算术真理的过程中没起任何作用。事实上，人们通常很自然地假设这种因果关系是倒过来的。如果我们要求形式主义者告诉我们为什么关于素数无穷的欧几里得定理是真的，他会说，这之所以是真的，是因为它是一条PA_ω定理。如果我们接着问他为什么存在无穷多个素数——也就是说，如果我们问的是有关数本身的问题，而不是关于某个句子是否为真的问题——他可能会说：存在无穷多个素数，是因为“存在无穷多个素数”[1] 这句话是真的。按照这种解释（“有点超出上面所表述的形式主义的明确观点）[2]，不仅数学对象在使我们的数学理论为真的过程中没有发挥作用，而且对象本身的存在也仅仅是因为我们出于其他理由给出的关于它们的断言为真。只要听到这一点，便明显可知形式主义就相当于一种关于数的有条件的实在论。

另一个例子：模态结构

作为另一个例子，我们来考虑关于算术基础的一种结构主义版本。结构主义始于一种重要的观点：只要我们证明了关于自然数的一项定理，我们事实上就已证明了关于同构于数的对象的任一集合的更一般的定理。自然数的标准顺序为

---

1. …… 或它在形式算术语言中的等价替代句子。
2. 为明确起见，现在我们想象一种涉及两种示意性断言的形式主义：对于真的算术陈述A，(1)“A”为真这个事实是基于“A”是PA_ω的一条定理这一事实；(2) A事实是基于“A”为真。

0, 1, 2, ……

120 我们用例子来给出一种独特的模式：一个离散的没有最后元素的线性序，其中每一项只有有限多个前项。如果罗马皇帝的继承能够永远延续下去，则序列

奥古斯丁、提比略、盖尤、……

将是这种模式的另一个实例。我们称像这样的任何有序集为ω序列。一般情况下，有序集是由集合X和这个集合上的关系$\prec$组成对（X, $\prec$）。在上述假设的例子中，各朝代的罗马皇帝之间有时间关系x的统治在y的统治之前，他们共同构成一个ω序列，就如同具有x小于y关系的自然数构成一个ω序列一样。

为了说明与算术有关的相关事实，我们需要一种更普遍的观点。众所周知，如果给定合适的逻辑背景，那么每一项能够用现代数论的精准专业语言陈述的算术断言都可以用仅有原始符号N（表示自然数）和$<$（标准的“小于”关系符号）的精练语言来表示。如果A是一个普通的算术语句（例如，在15和20之间有两个素数），则我们可以将它翻译成这种精练的语言$A[N, <]$。

相关的定理如下：

对于任何用算术语言陈述的断言A，A [N, <] 当且仅当对于任何ω序列（X, $\prec$]，A [X, $\prec$]。

这里$A[X, \prec]$是在$A[N, <]$中用变量X和集合上的关系$\prec$替换专门的算术词汇N和$<$的结果。因此，如果$A[N, <]$是用算术语言给出的一个描述自然数展现某种算术功能的句子，而等价关系的右边是说，任何ω序列——即使它的元素是罗马皇帝——展现出相应的纯结构特征。因此，该定理要求：每一个关于数的算术断言等价于一个关于ω序列的完全一般性的断言。

现在，在这一点上，我们必须注意这个小定理的假设。ω序列是一个无限集合，因此，如果不存在无限集合，就不存在ω序列。但如果不存在ω序列，那么等价关系右边的每一个实例就是平凡真实的。这意味着，这个等价关系仅当实际存在无限集合时才成立，人们可能希望避免做这种假设。要做到这一点的方法之一是考虑一个有点不同的等价关系。即使事实上不存在无限集合，但*原本是有可能存在的*。罗马帝国没有永远延续下去，但原本是可以延续的。考虑到这一点，我们可以考虑以下等价关系：

$A[N, <]$当且仅当作为必然性问题，对于任何ω序列$(X, \prec]$，$A[X, \prec]$。

即使真实世界里不存在无限集合，但这样的断言——任何可能的ω序列都具有某种结构特征$A[X, \prec]$——则是不平凡的（在假设有可能存在ω序列的基础上）。这一定理肯定了这种模态断言等价于我们开始时说的普通的数学断言。（一个模式断言是指描述什么是可能的或是必然的断言。） 121

到现在为止，这仅仅是一个没有争议的（如果有些陌生的话）数学。任何接受标准算术的人都应该接受这种等价性。结构主义者特有的哲学断言是，算术真理可**还原到或者说是基于**关于所有可能的ω序列的一般性断言。[1] 回到我们的"在15和20之间存在两个素数"断言的例子。结构主义者接受这个断言，是因为他认为普通算术满足其上述立场。这意味着他（如同形式主义一样）不能否认数的存在。他的独特断言是：关于存在数的这个事实是基于如下事实：如果存在任何一种ω序列，就一定存在某种复杂的结构性质——粗略地说，对于此例就是在第16个和第21个元素之间存在两个"素元素"。[2] 这里最关键的一点是：从表面上看，这后一个事实不是关于一种具体类型对象的事实。具体来说，它既不是关于数的事实，也不是关于罗马皇帝的事实。事实上，它让人感觉到这个事实不关乎任何东西。毕竟，形如"如果存在某种无穷集合，那么它将显现这样和这种性质"这样的条件模态断言不确认真实世界中任何事物的存在性。根据结构主义学说，算术真理正是由这种模态事实赋予的。这就不难明白为什么那些接受这一观点的人可能会不由自主地说有一种数不是真实的存在的感觉。关于企鹅的真理是由鸟类及其行为等事实而变得为真的。相反，有关数的真理并不是真正由数赋予的，而是由数本身并不显现的一般性条件的事实赋予的。

---

1. 这种"排除性质的"结构主义模型见Benacerraf（1965），Putnam（1967）和Hellman（1989）。另一种也被称为结构主义的不同观点，见Resnik（1997）和Shapiro（1997）。
2. 这里预设了自然数由0开始。

制定建议的框架

例子可以倍增，但其模式应当是明确的。对于给定种类的数学对象（例如，自然数），当我们凭借更基本的语词所描述的某种真理（问题中的对象不在其中显现）得到关于这些对象的每一条真理时，我们说这类数学对象是**可还原的**。在我们的例子中，还原性事实——即关于PA_{ω}中可证明性的事实，或关于每一种可能的ω序列——并不明确涉及（或量化）数，而借助于这种还原性事实，我们确立了有关数的每一个事实。如果这种形式的观点是正确的，那么当在某种意义上说数是完全真实的存在——存在这种东西——时，它们在下述意义上倒可能是"不真实的"：当我们检查最终基于算术真理的事实时，我们发现不存在任何种类的数。这提出了一个口号：*真实的东西还原后不会消失*。正如普特南指出的（Putnam，1967），拒绝"数学对象图像"的一种方法就是认为数学对象仅在这个意义上是不真实的。 122

讨论到这里已经将一种神秘性变换成了另一种。我们开始时想搞清楚的是，数和其他数学对象是不是真实的存在物。这个最初的设想是想用其他概念来解释这个概念——一种真理可以还原为另一种真理的思想。然而这个概念非常有问题。当然，在我们（譬如）说将有关意识的精神生活的真理还原为有关大脑和身体的生理过程的真理时，这句话到底是什么意思，可谓见仁见智，很混乱。还原的概念有许多，因此解释我们的建议有许多种方法。与调查选项的方法不同，我喜欢简单地勾画一个概念，我认为这种方法特别适合于我们的目的。

按我的理解，还原实质上是各种事实（而不是各种句子或陈述）

之间的一种关系，尤其是那些句子旨在描述的诸项事实或状态之间的一种关系。因此，还原是一种形而上的关系，而不是一种语义关系。说一种事实还原到另一种事实不是达成一个关于语词意义的断言，而是达成对事实本身的断言，这些事实的确立通常完全独立于我们的描述和思考它们的能力。

就目前而言，我们应将事实看成是由对象、性质、关系和其他各种属性所建立起来的复杂实体，这里说的属性与用词构建的句子有大致相同的意义。例如，2+3=5就是一个复杂的事实，它可以表示为：

[=(+(2,3),5)]

在这里，数字2和3以及等号和加法运算都是这个事实的组分，正如“2”和“3”是句子“2+3=5”的组分一样。[1]（在下文中，方括号中的句子命名为一个事实，其结构对应于封闭句子的结构。）

我的主要的实质性假设是：事实由基础的基本关系确立。这种关系没有标准的英语单词可加以描述，也没有公认的哲学术语来指称它。但当我们说一个事实依据另一个事实而确立，或者说一个事实使得另一个事实被确立时，我们有很多熟悉的语词可用来点出其正确指向。123 举一些例子可能会有帮助：

析取性（disjunctive）事实基于其真实的析取支。我现在要么在新

1. 就我的目的而言，事实等同于伯特兰·罗素（Russell，1905）最初所描述的那种被构造的命题。

泽西，要么在剑桥，这便是一个析取性事实。这个事实依据“我在新泽西州”这一事实（析取支）而确立（当它发生时）。如果我已经在剑桥，那么尽管原因不同，但我们会得到相同的事实。

存在性（existential）事实凭借其具体事例而确立。有人打翻了牛奶，这是一个事实。譬如，当弗雷德打翻牛奶时，我们便得到了“有人打翻了牛奶”这个事实。如果是别人打翻了牛奶，那么尽管原因不同，但我们会得到相同的事实。

有关具有*可确定*（determinable）特征的事物的事实以更多的*确定性*事实为基础。“某个球是红色的”这个事实依据（譬如说）深红色的球而得到确立。“粒子的质量在10 ~20 MeV之间”这一事实依据粒子的质量为17.656 MeV这一事实而得到确立。

涉及*可定义的*（definable）属性和关系的事实依据其“定义的扩展”而确立。根据定义，所谓正方形是指一个等边的矩形。鉴于此，如果*ABCD*是一个正方形，那么“它是正方形”这一事实就依据它既等边又是矩形这个事实。后者便是使一个正方形得以确立的东西。

伴随性（supervenient）事实典型地依据它们所伴随的事实，尽管我们不能有系统地说明依赖的模式。“2008年美国对中国的贸易赤字大约为1170亿美元”这个事实伴随着大量单个经济交易活动的事实，也许最终还可以说伴随着有关（构成从事买卖的人的）夸克和电子等一系列更广泛的事实。宏观经济的事实正是依据这些较低一级的事实而确立，尽管我们不可能具体找出，哪怕是原则上找出，是哪些

微观事实使得这一宏观事实得以确立。

这些实例给出了支撑关系的两个重要特征。首先，这种关系是必然性的一种形式。支撑一个给定事实的事实需要其所支撑的事实具有绝对必然性。这一点将支撑关系与某种形式的因果关系或推理确定的关系区分开来。毫无疑问，从某种意义上说，效果取决于其原因：使效果得以显现等的原因。但正如休谟指出的，总是存在这种可能：原因发生而不产生效果。正如上述例子所标明的那样，我们感兴趣的支撑关系涉及一种更为内在的依赖形式。

其次，支撑关系是一种解释性关系。引用一个支撑给定事实的事实是为了给出有关为什么能得到这个（给定）事实的信息。因此，提出支撑关系是一种客观关系的假设，正如我做的这样，就是假设存在有关解释性命令的客观事实（这不是说给出解释的实践始终只是一件报告这些客观事实的事情）。

124 这些论述并不等于给出支撑关系的定义。我自己的观点是，这种关系太过基本以至于我们给不出定义。对它的理解更多的是通过非正式的解释，但我希望这里的论述已足以满足我们目前的需要。[1]

建议

在数学哲学上还原论者的建议是这样一个断言：某一数学分支的

1. 本小节所用的材料在 Rosen（2010）里有更充分的叙述。

每一项数学事实——例如算术的每一条真理，或集合论的每一条真理——最终都基于不同种类的事实，例如关于形式的可证明性的事实，或关于如果存在无穷序列对象时所发生情况下的事实。[1] 我们已经考虑了两个例子，其中还原论者的这类建议似乎暗示着算术对象并不那么真实或像某些其他事情那么“像回事儿”。在这些建议中，还原关系已经有鲜明的特征：较高层次理论的对象并不包括理论被还原到的更为基本的事实。这暗示了一种用于解释有条件实在论的形而上学论点的自然战略。

让我们这么说：一个事实是基本的，如果它没有进一步的事实作为支撑的话；一个东西是基本的，如果它是基本事实的一个组成部分的话。由此，我们可能用“某些数学对象是基本的东西”这一观点来确认关于数学的十分牢固的实在论。它肯定是铁杆柏拉图主义者的观点。在他们看来，数是独特的、抽象的物质——排列在柏拉图天堂上的不可见的光球。同时它也是那些较温和的柏拉图主义者所持的观点，这些人将算术，也许还包括像策梅罗-弗兰克尔集合论这样的更全面的理论，看作一整套自足的、并非基于更基本事实的真理。这两种数学实在论都反对我们前面讨论的有条件实在论的形式。

125

1. 值得注意的是，还原论者也可能提出一种更强的断言，即，对于每一个数学命题p，p所处的情形正是q所处的情形，其中q是一个与更基本的对象有关的命题。考虑一种标准的科学还原情形：x比y热的情形正好对应于构成x的粒子的平均动能大于构成y的粒子的平均动能的情形。于是我们可以说，有关温度的事实强烈还原到有关平均动能的事实。这种强还原关系总是要求必然对等的断言：如果p强烈还原到q，那么作为一种必然性，p为真当且仅当q为真。这足以表明，强还原关系不同于我们前面讨论的支撑关系。[p或q]可能基于[q]，但没有人会说，p或q所处的情形正是q所处的情形。在一般情况下，[p]可能建立在[q]的基础上，即使[p]并非强还原到[q]，但反过来未必成立。如果[p]强还原到[q]，那么[p]必定基于[q]。在Rosen（2009）中，这种断言称为支撑-还原链接。

更一般地说，用来解释与有条件的实在论相联系的令人费解的空话的建议可陈述如下：

有条件的实在论关于F的观点是F存在，且没有基本事实将F作为其组成部分包含在内。

当哲学家告诉你，数在形而上的意义上不是真实的（即使它们在数学的意义上是存在的），那么他或她的意思可能是指这样一件事：数所代表的每一个事实最终都将凭借一些数不作为其组分的事实的集合而得到确立。

这种观念得到了来自对其他领域"突现的[1]"或"更高层级的"实体的本体论地位反思的支持。譬如以"美元""欧盟"或"我的硬盘驱动器里的编码信息"为例。一望便知，这些东西是存在的。美元作为真正的国际流通形式是一种存在，在这个意义上，意大利里拉也曾经存在，但现在已不再存在。欧盟是一种存在，在这个意义上，星际联邦不存在，但也许有一天会存在。我的硬盘驱动器里确实编存了一大堆信息，如果我按错键，这些信息就可能会被破坏。然而，有很强的倾向认为，尽管对这些存在的断言是完全正确的，但将美元看成是像桌子或上帝一样的东西，或是像柏拉图主义者眼中的数一样的东西，则是错误的。上述建议使我们能够理解这一趋势。作这样的假设是很自然的：有关美元或欧盟的每一个事实最终都是基于如下一些不同的事实——经济行为者和诺克斯堡的黄金储备局的态度和行动，和欧

1. Emergent，指较高层级系统出现的性质（突现性质）不可能还原为较低层级系统的性质的一种状态。——译注

盟国家间做出的法律安排等事实。当然有一点希望在此说明一下，美元对欧元的比价目前是0.6825欧元。但这一点不是建议所要求的。与还原论的一些早期概念不同，我们这里所理解的还原论不是一种关于用更高级词汇来阐述句子含义，或有关将这样的句子翻译成另一种语言的可能性的观点。它只是这样一种断言：有关货币和其他一些事情的每一个事实最终都是基于关于其他事情的模式极为复杂的事实。当然这种货币还原论未必是真实的。这在经济哲学里是一个实质性问题。上述建议只是说，我们的直观感觉是，从本体论角度看，美元是“派生的”或“第二位的”。我们的这种感觉源自我们的强烈质疑：从上述意义上看，美元不太可能是基本的东西。

如所制定的那样，这个建议要求仅当存在基本事实时才存在真正的东西。人们可能会反对说，我们不能先验地假设这一点。但我们都知道，事物的层级或树状结构可能是无限的，其中P基于Q和R，而Q 126 和R又是基于S，T，U和V，如此循环往复。

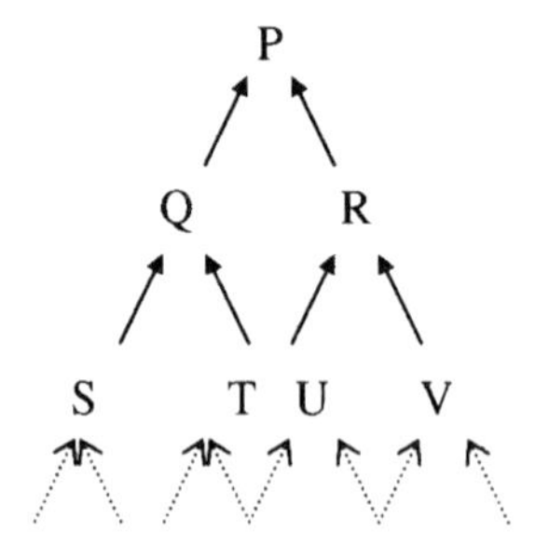

作为一个粗略模型，我们可以想象这样一个世界，其中关于原子的事实是建立在夸克和电子的事实基础之上，而夸克和电子的存在又是建立在“超夸克”和“超电子”的事实基础上，如此以至无穷。当然，

仅仅存在一些非支撑性的树状分支并不意味着不存在基本的东西，因为基本事实也可能存在于其他地方。只有当每一个事实都基于进一步的事实时，麻烦才会出现。在这种情况下，我们的定义要求不存在基本的东西。

这是否就是我们的建议受人诟病的后果？解读这一点的最佳理由可表述如下。其中每一个树状分支都有其支撑基础的世界可分为两种。在这些世界里，每一个作为某一层面上事实的组成部分的对象，最终都绝对会在我们沿着树状结构不断向下探索（追溯每一事实的根源性事实）的过程中“消失”。在这种情况下，我们的建议要求，很多事情虽然在通常意义上是存在的，但最终没有任何东西是存在的。而一切事物都将获得如同美元一样的形而上学的地位，这似乎是正确的。如果我们逐渐提高我们的形而上学显微镜的放大倍数，可以看到旧的东西在不断消解，新的事物在不断出现，因此我们似乎可以正确地说，从形而上学上看，一切事物都可以视为一个标杆，没有任何东西具有基本不变事物的最终地位，如果我们认为存在这种事物的话。

但也存在这样一种可能：即使每一个事实都是基于进一步事实，但有些事物却是恒久不变的，在这个意义上说，当x是某个事实[$\cdots x \cdots$]的组成部分，那么它也是每个以[$\cdots x \cdots$]为其基础的事实的组成部分。直觉上（反对意见），一个恒久存在的事物应当在每一点上都像基本事物那样真实，并且一个事物可以恒久存在而不具有基本存在的属性，因此我们不应当说一个事物是真实的，当且仅当它是某个基本事实的组成部分，而应当说一个事物是真实的，当且仅当它要么是基本的，要么是恒久的。

对此，我认为这个问题将不会出现。假设x在预期的意义上是恒久的事物，且考虑x是自我认同的事实：[$x=x$]。我们完全不清楚这样一个简单事实如何可能建立在更基本的事实基础上。由于这个事实就是基本事实，因此x就是一个基本事物。如果这是正确的，那么我们可以保留我们的定义，因为任何恒久的东西也将一定是基本的东西。

综述和存在的突出问题

127

思考数学的哲学家往往会发现自己被拉向两个方向。一方面，数学就其自身和在科学中的作用而言，取得了巨大成功，加上它的一些基本原理非常明晰，这使得哲学家倾向于假设标准数学的断言必定是真实的，因此各种不同的数学对象必定存在；另一方面，许多哲学家认为数学对象在形而上学方面等同于范式（我们已经给了一些具体情形作为例子，但我们也可以考虑上帝和天使，如果你认为他们存在的话）的想法十分荒谬。我们一直在努力确立一种立场，以便对这些倾向做充分公正的评判，为此我们有一个建议。关于数学对象的有条件的实在论持这样一种观点：虽然数及其类似的概念在肯定其存在性的句子字面上没错的意义上是存在的，但它们在下述意义上不是基本的：出现数的每一项事实最终都是建立在不含数的成分的事实基础上。

顺便提一下，我们也许注意到，这种说明解释了为什么数学上的某些唯心主义理论和建构主义理论常常被视为与十分牢固的实在论不相容。数学唯心主义者（这里用一个标签来涵盖这种哲学的各种不同的观点）同意，至少标准数学的某些核心断言是对的，但他们坚持认为，数学事实在某种程度上是建立在我们的数学思想或活动的基础上的。这种认识的最生猛的版本将数学对象等同于大脑中的观念（但是谁的大脑？）。而较微妙的版本则坚持认为数学真理以某种方式基于我们的实践，并坚持认为之所以如此只是因为我们已经接受了数学框架，在这种框架下，算术计算的一般规则被认为是有效的，（譬如）我们可以肯定地说，235+657=892。这种观点的支持者对于我们是如何通过实践使得数学对象变得存在的问题往往是守口如瓶。很明显，一直以来我们并不是像建筑师造房子那样来构建数的。但如果这种比喻是条死胡同，那么在什么意义上我们可以说数在某种程度上是我们创造？我不想继续追究这个问题，只想说，我们的纲领提供了一种陈述这一立场的方法。数学唯心主义的总体方案如下：

对于每一个数学事实 [A]，

[A] 凭借……（有意识生命的思想、活动或实践）得以确立。

事实上，这是唯心主义和建构主义在哲学各领域通行的一个好的一般性纲领。贝克莱的唯心主义认为，外部对象可以按这样一种断言来理解：包括像桌子和椅子这样的每一个事实最终都是基于有关上帝的想法的事实。穆勒的世俗唯心主义则用有关人类感觉的事实取代了有关上帝的事实。康德的道德建构主义理论可以表述为这样的观点：128 关于对或错的每一个事实最终都基于判断的事实，任何理性的代理人在考虑该怎么办时，都会诉诸这种判断。一度在人文领域很是时尚的社会建构主义学说可能持这样一种观点：有关社会实在的事实（在荒谬的极限情形下，直接就是关于实在的事实）最终都基于我们在接受或拒绝关于这种实在的断言方面的认知实践上的事实。这些观点勾勒得非常粗略，但它们都具有正确的一般形式：一种事实——那种似乎不直接关联到人的思想的事实——被认为是建立在关于人类的思想或实践的事实基础上的。当我们考察基本事实时，更高级别言谈的独特对象——普通对象、社会阶层、道义责任等——都消失了，取而代之的是不同类型的项目：陈述、观念、人及其实践等。这些唯心主义的激进形式可能会被认为是错的，但它们对于哲学家和其他领域中具有哲学头脑的学者来说则具有长期的（和神秘的）吸引力，因此值得我们在此对它们寻求一个明确的说法，并解释为什么我们会认为它们与无条件的实在论是不相容的。目前的框架提供了这样一种解释的开端。[1]

现在，让我们回到数学的情形。我们的纲领使我们出于一种接受如下形式的还原论观点的立场：

对于某个领域的每一项数学事实［A］，

［A］凭借……（不将数学对象作为其组成部分的某种事实）而得以确立。

但接受了这样的观点，我们该如何来评判它们呢？随着我们的例子开始展现，我们看到，有很多种方法将算术事实与更基本的事

1. 通常假设唯心主义和建构主义反对十分牢固的实在论，因为它们预先假定了某些表观上独立于心灵的事实具有心灵依赖的属性。就目前的解释而言，这只对了一半：这些观点是实在论的替代品，因为它们承认某些事实依赖于更低层次上与其他对象有关的事实。这些低层次事实包括心灵，这一点很有意思，但却不是主要的。算术哲学上的形式主义和建构主义也是十分牢固的实在论的替代品，出于同样的原因，在这些情形下，基本事实绝不可能是心理性质的。

实——证明理论的事实、集合论的事实、纯模态逻辑的事实等——联系在一起。在这些更基本的事实中，算术对象不作为其组成部分出现。这些建议都有足够的材料支撑：它们真理与真理配对，并且经过适当的构建，它们保留了逻辑关系。事实上，在许多情形下，它们遵循更严格的（虽然有点难以捉摸）约束，我们可以称之为*相关性*。如所指出，对算术陈述A的任何证明通过琐碎的步骤很容易转换为对其相应的形式主义或模态结构主义的证明，反之亦然。严格来说，“在 129 15和20之间存在两个素数”的事实与“每一种可能的ω序列在第16个元素与第21个元素之间存在两个素数”的事实，或与“句子‘存在两个素数……’在PA_{ω}中是可证明的”的事实，是有差别的。这些事实之间之所以存在差别是因为它们有不同的成分。但这些断言的数学意义是如此接近，使得我们很想说，从数学的角度来看，它们代表了同一个事实。我不这么说，因为我不知道该如何解释这些断言所涉及的事实中同一的概念。（我自己的解释过于细致无法支持这种主张）。不过，人们可能会说，任何像样的算术还原论必须具有这样的特点：由算术事实还原得到的事实至少必须具有与算术上原初的意义大致相同的数学意义。令人担忧的是，即使我们施加了这个约束，在算术上还是有许多同样引人注目的还原论建议。一般来说，对于数学某个领域的问题，如果有一个合理的还原论解释，就会呼啦一下出现许多个这类建议。[1]

这一点之所以令人担心，是因为人们会很自然地认为这些建议不可能都是正确的。如果一个有关的数的事实凭借句子在PA_{ω}中的可证

1. 关于用于分析的还原论建议的综述，见Burgess and Rosen（1997，第B章）。

明性的某个事实而得到确立，那么就很难相信它还能通过有关所有ω序列的完全不同的事实而得到确立。这里应当强调的是，这类过分的决定性原则上是可能的。如果我们有一个析取性事实[p或q]，其中p和q都是真实的，那么[p或q]要么凭借[p]而得到，要么凭借[q]而得到。但这样一种想法——事实（算术事实）的统一域可能会被源自两个或多个不同域的事实大规模地和有系统地过度决定——似乎很难令人置信。然而，如果我们拒绝这种可能性，那么还原论的观点就是必然的选择。对这种选择他可能凭借什么样的基础呢？这很难说。

对这种困境的一种反应是采取一种怀疑论的形式。如果竞争性的还原论方法是不兼容的，如果我们没有在其中进行选择的基础，那么可以肯定，唯一适当的反应就是暂停判断。根据这种观点，关于数学事实是否建立在以及如何建立在更基本的事实基础之上的问题是完全有意义的，但也是无法给出最终答案的。这不是一个荒谬的想法。为什么我们一定要利用各种资源来回答我们能接受的每一个深奥的形而上学问题？不过，知道我们是否能抵御这种令人失望的结局这也不错。

这里有一条可能的出路。到目前为止，我们都是自上而下地考虑问题：我们从数学事实开始，并寻求这些事实赖以确立的更基本的事实。这种探索的前提是，当我们考虑一个普通的数学断言——例如，断言在15和20之间存在两个素数时，我们有一个明确的事实，一个我们可能会考虑其基础的事实。但这也许是一个错误。假设事实证明，对于算术的每一个推定的基础——形式主义基础、模态结构主义的基础等——都存在不同的数域，那么关于数的事实便是由该问题的基本事实构成的。根据这种观点，根本就不存在自然数系这样的东西。

130 存在的只有*形式主义的数*，关于这种数的事实则是基于有关PA_ω内的可证明性的事实；还存在*模态结构主义的数*，而关于这种数的事实则是基于有关所有可能的欧米茄系统的事实，等等。由于这些数系之间的差异不产生任何数学上的差异，因此数学的语言和实践没有办法来区分它们。如果这是正确的，那么普通的数学语言将充满了语义不确定性。当我指着远处的一条河说："我们把这条河叫作'奥夫'吧。"我引入了一个有意义的词，但因为我懒得费心确定指的是附近那么多像河一般的对象中的哪一个对象，所以我的这个称呼并不指称具体哪一个东西。相反，它"把它的指称分发给了"一定范围内的所有候选对象——有些对象比另一些对象宽一点，有些则是长一点，等等。当我在一个句子里使用这个词的时候，我的脑海里根本就没有确定要指称这些候选对象中的哪一个。在这种情形下，谈论奥夫是世外桃源这个事实就是一种误导。由于附近有许多河流状对象，有很多这样的事实，它们之间的差异对我的目的来说并不重要。同样的，如果存在很多类似数的对象的系统，它们之间的差别只有通过这些数系所基于的事实，而不是通过任何数学上的重要特征，才能被区分开，那么谈论235+657=892这个事实就没有意义，因为附近有许多同等条件下的事实，每个事实涉及某种确定类型的数，每个事实都以某种确定的方式基于一些基本事实。[1]

如果说这是一种语义形而上学的情形，那么就难怪我们不知道如何回答有关算术事实最终如何得到支撑的问题。我们不知道该如何回

1. 在普通数学里对于这一点我们有先例。在某些基础性研究的语境中，对自然数235、整数235、实数235.0和复数235+0i等进行区分是很重要的。但是在许多日常语境中，这些差异并不重要。如果有人在这样一种基础语境中援引235+657=892这个事实，那么他的言谈无异于擦枪走火，就是说他无法用他的话挑选出一个简单的事实，虽然这种走火可能是无害的。

答这些问题，因为它们有一个错误的前提，即对于数学对象和有关它们的事实（普通的算术语言设法指称）的确定范围，存在一个独特的系统。

对这种形而上学多元论和语义不确定性之间的结合最终是否协调还远远没有定论。为了解决这个问题，我们需要一种有关一种事实在何种情况下会导致或产生另一种事实的条件的一般性理论。产生这样一种一般性理论的任务是十分艰巨的。但让我们暂且假设这种观点不仅逻辑上前后一致，而且是正确的。于是我们会注意到，即使有关数的问题因提法欠佳而被拒绝，我们仍可能认可关于算术的有条件实在论的形式。因为我们有可能证明，算术语言对每个候选对象的解释采用的是一种用来描述一类因还原而消失的对象的语言。如果是这样的话，那么说“算术对象不会出现在基本事物中，因此算术对象最终不是实际存在的”这句话就仍然是对的。 131

这给我们出了一道在此框架内最难啃的难题。假设每一个推定的还原作用都如上述那样与其自身的“数”类相联系。这样虽然消解了不同竞争性还原作用之间的矛盾，但在认为“每个数系都可按这种方式被还原”的有条件的实在论与认为“在基础水平上至少存在一个类似数系的项目”的十分牢固的实在论之间，仍然存在一种理解上的分歧。在我们一直讨论的框架内，这些都是有意义的假设。但还没有什么办法能够决定哪些假设是正确的。

在这一点上，某些哲学家会倾向于采用简约原则。他们会说，在对基本实在的解释方面，我们应该将结论建立在尽可能少的几件事情（或几类东西）上。如果数学哲学并不需要存在基础水平的数——如果可还原的数永远“起作用”——那么基础水平的数就是可去除的，我们的理论家应该拒绝它们。以这种方式进行便是先验地假设了基本实在是一种非常稀罕的晴空美景和沙漠景观。就我个人而言，我认为这个假设是完全没有根据的。但是，如果简约化无法帮助我们，我们可能会发现自己处于一种进退两难的境地，唯一合理的反应是对判断的悬置。换句话说，我们可能会发现自己被推向这样一种观点：认为有条件的实在论关于算术所提出的问题是完全有意义的，但我们想象不出有什么方法可以给予解答。

在哲学的某些方面，这种僵局表明我们的问题提得很不恰当。现在这种情况是不是就是这样呢？我不认为如此。我相信，出现在这种争论中的支撑关系是（或能够变得）完全可以理解的。因此，数学实在论的难题，即某些数学对象是否在基本层面上存在的问题，是清楚的。我得承认我不知道如何去回答。但这并不是说，这个问题最终无法回答。哲学家们并不总是能够将普通的本体论问题（即关于什么东西是普遍存在的问题）与深刻的本体论问题（即关于什么东西在基础层面上存在的问题）区分开。因此，我们还没有明确范式来调查后一类问题，也不清楚拿什么来建立关于什么是“最终实在”的断言。既然我们已经做了区分，那么我们就能够查看记录，以便探询我们是否在哲学上或物理学上甚至神学上有具体指向有关基本实在的断言的例证。如果我们找到了合理的例子，我们便可以从它们那里得出明确的方法论启迪。研究数学形而上学的方法可能包括这些与数学真理的基础有关的方法论原则。这项工程能见效吗？在这一点上，我觉得我们还没有明确的答案基础。

评吉迪恩·罗森的“数学对象的实在性”

132

蒂莫西·高尔斯

在吉迪恩·罗森这篇文章的开头，他描述了关于数学的某种哲学立场。自从我自己一度曾思考有关数学的各种哲学观点以来，这些观点一直是那种样子。我不是一个专业的哲学家，我从来不试图制定出一个全面详细的方案来维护我的观点，但我一直相信，它们是基本正确的。

如果说有人能够动摇这样一种自信，那么这人便是罗森，一个具有非凡的表达能力和仔细分析他人哲学立场的人。他还有一套提出观点的方法，直觉上我对那种关于数学对象的实在论观点有反感，但他提出问题的方式使我的反感明显减弱。举例来说，如果你对罗森说，你不相信那种认为数是飘浮的并具有各种复杂的相互关系的形而上学论调，他会告诉你他也不相信。然后他可能会问你，为什么你说存在无穷多个素数，如果你实际上并不相信是这样的话。经过这种短暂的交谈，你会变得很难准确把握在非实在论观点与罗森所持的精致实在论观点之间到底有什么不同（至少对我来说是这样）。

现在，在我读了罗森的这篇文章之后，对我来说，这些问题都得到了很大程度的澄清。他把他所讨论的立场称为有条件的实在论：大致说来，所谓有条件的实在论，就是认为数学对象确实存在，但正如他所说的，它们在形而上学上处于“第二位”。他本文的目的是要说清楚这可能意味着什么。为了这一目标，他引入了事实之间的“支撑关系”。这种关系粗略地讲就是，如果事实A是建立在事实B的基础之上，那么事实B就比事实A更基本，并且足以解释A。（罗森给出了几个不同的例子来说明和澄清这个概念。）随后他建议，无条件的实在133论者与有条件的实在论者之间的区别，就在于前者认为某等些数学事实是基本的（也就是说，没有任何进一步的事实为其基础），而有条件的实在论者认为，虽然数学事实是客观真实，但它们最终都基于非数学的事实。正如他所说的那样：

> 当哲学家告诉你，数在形而上的意义上不是真实的（即使它们在数学的意义上是存在的），那么他或她的意思可能是指这样一件事：数所代表的每一个事实最终都将凭借一些数不作为其组分的事实的集合而得到确立。

罗森说他本人并不认同这个观点，然而此观点与我之间以一种他所希望的方式产生了共鸣：我认为，如果我尝试为我自己在关于数的问题上的有条件的实在论观点进行全面的辩护，那么我的确会这样去做：尝试去证明关于数的事实都是建立在其他事实的基础之上。要实现这一点有几种方法，它们恰好对应于有条件实在论旗帜下的几种不同的哲学立场。罗森详细讨论了其中的两种（这两种都不是我自己可能遵循的方法），同时还一般性地讨论了这种立场的一致性。

罗森的建议的优点之一是，它用“是否所有的数学事实都基于其他事实”这样一种紧密关联而且非常明晰的问题取代了有关数和数学陈述的实在性那样一些模糊不清的问题（说它模糊不清是因为这类问题往往不能明确说明“实在”指的是什么）。回答这个问题是一项很艰134巨的工程，但它也明确规定了哲学家，甚至数学家，可以为此做些什么。

135

第 10 章 我们从数学中得到的要比赋予它的多

马克·施泰纳

在《皇帝新脑》(Penrose, 1989)和最近的《通向实在之路》(Penrose, 2005)两本著作中，彭罗斯教授倡导一种他所谓的柏拉图主义，即柏拉图的数学世界。由于彭罗斯教授将出席本次研讨会，因此我想在这里讨论他的这一观点——或更确切地说，是我基于他的这两本著作的强大影响力而认为的他的这一观点——将是适当的。

正如彭罗斯在《通向实在之路》一书中所解释的，他所追求的是数学的客观性[1]，而不是“数学对象”的存在性。关于后面这一点，正像本次研讨会的另一位发言者罗森教授所指出的那样，是指数学是否是一种“没有对象”的学科。正如伯吉斯和罗森在他们的优秀著作(Burgess and Rosen, 1997)中指出的，柏拉图主义被奎因挟持了，他把它定义为“对数学对象的量化”，它不再具有它过去所具有的意义。由学者撰写的讨论这方面的书一本接一本(其中大部分由牛津大学出版社出版)，例如，有本书就提出，“数学对象”是否应该突然消失，那样它将带来可观的变化。[2]

1. 在现代数学哲学中强调“客观性”超过强调“对象”的起源，见 Georg Kreisel 的著作。
2. 顺便指出，根据奎因的哲学，这个问题是毫无意义的，因为根据他所定义的柏拉图主义，如果没有对数学对象的“量化”，我们甚至无法描述可观察的世界。原子的不可或缺性则不同——我们不必求助于原子就可以描述其表象，但我们需要用原子的概念来解释这些表象。正因此我认为，完全不涉及柏拉图，讨论概念而不是对象，并将笛136卡尔作为彭罗斯的认识（譬如认为像曼德布罗特集这样的概念是客观的）的真正来源，这样可能会更好。毕竟，彭罗斯并不（像柏拉图那样）认为每一个概念都是客观的，这一点与笛卡尔非常一致。笛卡尔在《第一哲学沉思集》中曾这样描述他对这个问题的看法：

> ……我们必须注意那些不包含真实的和不变的本性，但仅仅包含由理智虚构和组合成的观念。这些观念总是能被同一个理智分开，不是单单通过抽象，而是通过一种清楚和分明的理智活动，因此凡是不能以这样的方式被理智分开的观念，很明显就不是通过理智组合而成的。例如，当我想象一匹带翅膀的马，或者一头现实存在的狮子，或者内接于正方形的一个三角形时，我很容易领会到，我也可以想象一匹没有翅膀的马，一头不存在的狮子，一个脱离正方形的三角形，因此这些东西没有真实的和不变的本性。但是，如果我想象一个三角形或一个正方形……那么任何我理解为包含在三角形的观念里的东西——例如其三个角度之和等于两个直角——我都可以真实地断定它是属于三角形的……[1]

笛卡尔在这里说的是，你从数学里得到的要比你赋予它的多。数

如我已故的老师西德尼·摩根贝瑟（Sidney Morgenbesser）曾说过的那样，奎因的不可或缺性是某种形式的康德主义，这方面奎因可能是继承自C. I. 刘易斯，因此说“奎因-普特南不可或缺性论文”是一种误导。普特南是在后一种意义上使用不可或缺性概念的。

1. 本段引文见《第一哲学沉思集》（中译本，徐陶译，中国社会科学出版社，2009年第1版）中“反驳和答辩·关于第五个沉思”一节，译文采用徐译，特此致谢。——译注

学思想中内在地具有一种没包含在语词定义中的“潜在信息”。[1] 这种“潜在信息”是这些思想精髓的一部分，而不是由数学家放进去的。在我看来，这一点正是数学与游戏之间的真正差别。不妨看看下面这个国际象棋残局（见图10.1）。[2]

假设双方都有完美的发挥，那么白棋要准确地将死对方需要走262步。而在许多局面下，走的那些着“没有任何意义”，这里的意义是指在不实际摆出所有可能的着法谱图的情形下我们不可能解释清楚这个结论。虽然这种事情显然不是“预期的”（国际象棋里有50步判和规则，是指在终局前双方都没有走动任何一兵，也没有吃过任何一子，即判和），这里出人意料的是，国际象棋规则所包含的条款非常之少，你怎么一点收获的投资。因此，国际象棋的本质就是其着法的任意性，这肯定不是笛卡尔所说的那种“真实的和不变的本性”。

我们不妨将上述情形与彭罗斯教授喜欢列举的“神奇的”复数的例子相对照。当意大利人将复数作为方程的实数解之外的虚数解引入时，没人能预言它们在与实数的关系上会扮演什么角色。我们来看看下面这个优美的方程

$$e^{\pi i}+1=0$$

137

它是欧拉发现的著名公式

1. 我认为笛卡尔说的不只是康德所说的某些数学真理是人为的那么简单。在康德看来，无论是7+5=12，还是关于三角形内角和的定理，都是人为的真理。只是在第一种情形下，我们学不到有关数学本质的任何东西，因为总和不是这个数就是那个数。而一个三角形的角度之和才具有真正的信息。

2. 见http://www.chessbase.com/newsroom2.asp?id=239。感谢希尔万 · 卡佩尔提供了这个链接。

图10.1 轮白棋走，262步将死对方

$$e^{i\theta} = \cos(\theta) + i\sin(\theta)$$

的一种特殊情形。

我们注意到，当引入虚数后，将实数提升为虚指数的思想即使对于像卡尔达诺和邦贝利(Bombelli)这样的数学大家来说也是不可想象的。然而，一旦人们认真领会了这种思想，在如何处理上就很少有或者说根本没有选择。

虚数的最初提出者没有认识到的虚数的另一个属性是复数的绝对值。当我们将复数用欧几里得平面来表示时，这个问题便显现出来了。利用这个属性，数学家可以解释有关实数的事实，例如，为什么在实轴上处处有定义的实函数$1/(1+x^2)$不等于其幂级数展开式

$1-x^2+x^4-\cdots$，其中$|x|\geqslant 1$（绝对值等于1的复数组成围绕原点的一个圆，实数1和虚数i都在这个圆上。对于i，这个函数没有定义，尽管它在复平面上连续，因为这里的分母是零。复分析里的标准定理能够解答余下的问题）。

有人可能会说，虚数的引入部分是出于计算上的方便。卡尔达诺甚至用虚数来计算一元三次方程的实根（见其著名公式）。但即便如此，其思想中所固有的"潜在信息"也远远超出了方便计算的范畴。[138] 总之，引入虚数的意义从《皇帝新脑》的下面这段话可见一斑（这段话就像是笛卡尔写的，都说他能预言数学的未来）：

> 初看起来，引入负数的平方根似乎只是作为一种工具——旨在实现特定目的的一种数学发明，但后来人们看得越来越清楚，这些对象所能实现的作用远远超过了它们最初的设计。正如我在前面提到的，虽然引入复数的初衷是为了使平方根可以畅行无阻，但后来人们发现，通过引入这种数，像是奖励，我们可以求得任何其他形式的根，或求解任何代数方程。后来我们还发现了这些复数所具有的其他多种神奇的属性。对于这些属性，我们起初没有感觉到一点征兆。这些属性原本就在那里。它们不是由卡尔达诺放进去的，也不是由邦贝利、沃利斯、科茨、欧拉、韦塞尔、高斯和其他伟大的数学家放进去的，尽管毋庸置疑这些人都富于远见卓识。人们逐渐发现，这种神奇的性质是结构本身所固有的。卡尔达诺在引入复数时，对这种数所带来的许多神奇特性没有一丁点思想准备——这才有

> 后来的这些属性以不同的人来命名，例如柯西积分公式、黎曼映射定理以及莱维延拓性质等。这些以及许多其他显著的事实，正是卡尔达诺在1539年前后第一次遇到的没有附加任何修正的那种数的性质。
>
> 彭罗斯（1989年版，第96～97页）1

笛卡尔/彭罗斯关于数学概念里“真实的和不变的本性”的思想，我在几年前的一篇文章中对此作过讨论（Steiner，2000），与数学应用于自然没有特别的关系，但它是本论文的立论所在。人们常常看到，正是这种在数学概念发现的潜在的数学信息——甚至它们的引入是出于“方便”的考虑——提供了数学在自然科学领域的最壮观的应用。这个“剩余价值”在“虚”数应用到“真实”自然方面尤为明显。正如在纯数学中的情形，这些应用最开始是出于计算上的方便考虑，但终了它们具有了一种描述上的必然性。在下文中，我将讨论一些非常有名的事实（读过彭罗斯著作的人都了解这些）。人们对这些事实是如此熟悉，以至于可能忘记了它们有多么了不起。从现在起，我们将讨论数学在自然科学中的那种所谓“不可思议的有效性”。

欧拉的发现使我们可以很方便地表示平面上的转动——即通过复平面上单位向量——而不必借助于凌乱的三角公式。两个转动的组合可以用两个单位向量的乘积给出，结果仍是一个单位向量，其辐角等于相乘的两个单位向量的辐角之和。

1.《皇帝新脑》中译本1996年第1版，第110～111页。这里的译文是本书译者按照原文并参考原中译文重译的。——译注

19世纪里有许多这类将这种方便推广到空间转动的尝试。欧拉 139 曾证明如何用三个角（现今称为“欧拉角”）来表示空间转动，将复数概念推广到“复空间”上的三维向量似乎是合理的，但这些尝试都失败了。于是哈密顿通过与复数类比，不得不将空间维数提升到四维，以便得到一个满足乘法运算的向量空间。[1] 他将这种代数的元素称为“四元数”，写成$a+b\mathrm{i}+c\mathrm{j}+d\mathrm{k}$的形式，其中单位元素的乘法满足$\mathrm{i}^2=\mathrm{j}^2=\mathrm{k}^2=\mathrm{ijk}=-1$，他曾将这个方程刻在一座桥上，以铭记他发现这些关系所带来的激动之情。与复数类比可见，单位四元数表示空间转动。乘以两个单位四元数，表示两种基本转动的组合，由此我们有（用后来的术语）一种同态。四元数乘法不满足可交换性，这一事实对于这里的目的是微妙的，因为转动本身就是不可交换的。然而，这里还有一些令人困惑的地方：在i、j、k分别表示关于x、y、z轴转动的特殊情形下，这种转动是转过180°而不是90°，否则由i、j、k所表示的连续转动不会使轴回到原初位置。（更仔细的分析见彭罗斯《通向实在之路》2005年第1版，第11章）。这意味着三个单位四元数$-\mathrm{i}$、$-\mathrm{j}$、$-\mathrm{k}$分别表示转动540°（=180°）。一般来说，这是对的——负的单位四元数表示与四元数本身相同的转动。同态不是同构，但两个同态等于一个同构。关于固定轴的空间转动的任何连续（子）群$r(\theta)$都可以通过单位四元数的连续路径$q(\theta)$同态地表示出来，只不过$q(\theta+2\pi)=-q(\theta)$，而$r(\theta+2\pi)=r(\theta)$。每次转动确立两个标签，或“宇称”。转动的宇称是无用的信息，或者说看起来如此。

---

1. 我很感谢Sylvain Cappell 和 Stanley Ocken在改进这里的陈述所给予的帮助。Cappell教授提醒我注意英国的拓扑学家弗兰克·亚当斯的深刻的结果：只有一维、二维、四维和八维欧氏空间可以构成满足乘法法则且满足下述条件的矢量空间：（a）存在一个乘积性单位矢量（左乘和右乘）；（b）两个非零矢量的积非零。当$n=8$时，乘法不满足结合律。

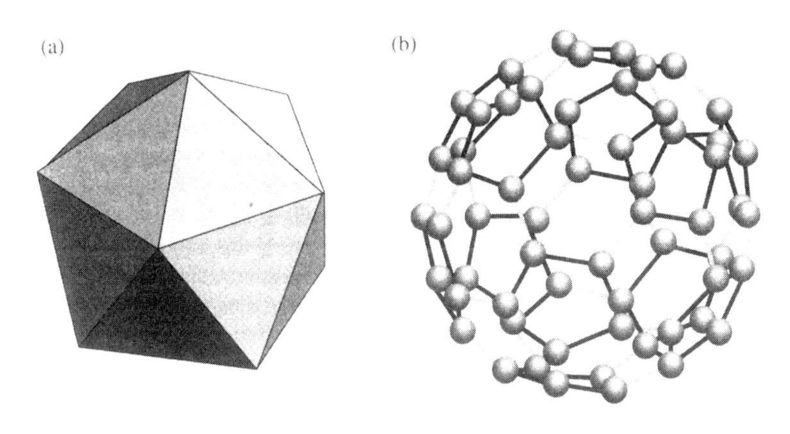

图10.2（a）正二十面体；（b）碳-60分子（巴基球）

将模1的复数的平面转动表示扩展到空间转动的另一种方法出现在与上述方法大致相同的时期。这是一种由（普通）复数的2 × 2酉矩阵表示的转动。酉阵M满足$MM^*=I$（单位矩阵），其中M^*是通过转置M中的行和列，再将相应的元素用M的共轭复数来取代（即，$x+iy \to x-iy$）所得到的矩阵。酉矩阵的行列式必须是一个绝对值等于1的复数。通过限定矩阵的行列式等于+1而得到的矩阵构成了我们现今所称的$SU(2)$群，即2×2矩阵的“特殊酉群”。这种方法是凯莱、拉盖尔和其他一些数学家努力的结果。但我能找到的明确给出140 $SU(2)$群与转动群之间同态的最早记录是在1884年，当时费利克斯·克莱因（Klein，1888，第34页及其后几页）做过关于正二十面体群的讲座，[1] 并在两年后将同态方法用于他关于陀螺仪转动研究的计算中（见Klein，1922）。

1. 克莱因并未明确陈述过空间转动可以用行列式为+1的3×3实正交矩阵来表示，因此我们还不能将$SU(2)$二到一地同态到$SO(3)$的发现归功于他。

我们可以证明，$SU(2)$与单位四元数同构，因此也存在二到一地从$SU(2)$同态到所有的转动。例如，$SU(2)$矩阵

$$\begin{pmatrix} e^{i\theta} & 0 \\ 0 & e^{-i\theta} \end{pmatrix}$$

对应于关于z轴的2θ转动。[1] 当$\theta=0$时，矩阵为单位矩阵$I=\begin{pmatrix} 1 & 0 \\ 0 & 1 \end{pmatrix}$，对应于零转动；当$\theta$趋向$\pi$时，矩阵为$-I$，转动为满转动。两个满转动使矩阵回到$I$。我们再一次得到一种无端的转动标记来表示转动的正或负，用$SU(2)$得到在区间（360°，720°）上的转动，计算上的方便是第一时间引入$SU(2)$的理由。

非常明显的是，这种多余的信息对于理解我们的宇宙的某些基本特性至为关键。电子的自旋对称性恰恰就是$SU(2)$转动对称。当电子转过360°，所得到的态相当于其量子力学描述（波函数）乘以-1。为了让电子回到其初态，就必须让它转两圈。如果数学物理学家有更好的计算器，他们可能就错过了科学史上的一个重大发现。[2] 这只是人类局限性的诸多实例中的一个例子，这些局限性阻碍的远不只仅是科学的进步。[3]

---

1. 我们建立了自共轭矩阵与空间三维向量之间的另一种对应关系[具体见Sternberg（1994，§1.2）或Goldstein（1980，第4章）]。设A是一个自共轭矩阵，M是$SU(2)$的一个元。然后用M共轭，即MAM^*，来产生对应于一个转动向量的自共轭矩阵。

2. 参见Hadamard（1954，第128—109页）："最令人惊讶的——我应当说令人困惑的——是，这种特性与当代物理学的奇异标志联系在一起。1913年，埃利·嘉当，法国数学界的顶尖数学家之一，想到一类与群论相联系的解析的几何变换。在那个时候，除了其审美特性外，人们看不出有什么理由需要对这些变换做特殊考虑。然而，大约15年后，物理学家从实验上看到电子的一些奇异现象，这些现象只能借助于嘉当1913年提出的这一思想来理解。"

3. 观察上的这种局限性使得开普勒不可能观察到一个行星受到的来自另一个行星的扰动，他发表的行星运动"定律"好像行星都不受这种扰动。这些定律使牛顿导出了引力的平方反比定律，然后又用之于研究行星的扰动。氢谱中"失踪"的辐射线实际上也一直都在那儿（只是较微弱），如果它们（在当时）能被检测到，那么我们就会错过一个重大的发现。

141　电子生活在两维的复向量空间并具有$SU(2)$对称性这一事实甚至在宏观水平上都可以检测到。考虑碳-60分子，它具有巴基球的形状，或曰截去棱角的正二十面体，它像一个足球一样是由多个六边形和五边形组成的。巴基球似乎有正二十面体的I型对称性：绕其中心有60种不同的转动，构成巴基球不变量。[1] 然而，如果我们在磁场中研究碳-60分子的顺磁性行为，这个磁场也具有正二十面体对称性，那么我们就必须"拉回"到使$SU(2)$的元对应于I的元。于是，巴基球的真实对称群是$SU(2)$的有120个元素的子群G。这里$SU(2)$二到一地同态到I（Chung et al.，1994，§9）。

这个故事里还有个故事。E. N. 拉盖尔在1867年发表了一封给埃尔米特的"信"。在信中他定义了矩阵乘法，并讨论了它的属性（Laguerre，1867：1898）。在这个讨论中，他引入了矩阵的整数模p，模的概念属于数论的研究范畴，在任何情况下都难有物理应用。如果我们考虑一个2×2的矩阵，设p=5，并将待研究的矩阵限定为行列式为+1的可逆矩阵，那么我们恰好能得到120个矩阵构成一个群，可以证明，这个群同构于G——一个令人惊讶的事实——这意味着拉盖尔的数论思想被证明可以用于描述巴基球的电特性和磁特性。显然，在此我们得到的要比投入的多（Chung et al.，1994，§2）！

现在让我们回到电子本身的自旋问题上来，电子自旋两周后返回到初态。人们可能会认为，由于电子不具有标准的几何形状，因此可142 能转过3圈或其他数目的圈数后也会返回到初态。然而，如果我们用

---

1. 其优美形态见Chung and Sternberg（1993）。

拓扑来理解时数字2就显得很“自然”。

人们经常引用这样一个例子：如果你将一条带子的一端夹在一本书里，另一端拿在手上，然后将书转动一整圈，你得到的是一条扭成麻花的带子。但是，如果你把书转动两整圈，然后让麻花状带子绕书转一圈，则纸带恢复到原状。[1] 拓扑上这个过程表示如下：如果我们将转动做成一个闭环，那么这个闭环是不可以“缩”成一个“点”的（这里的“点”是指恒定的转动曲线，即不转动任何东西的曲线）。只有双环可以这么缩成点。这不是欧几里得空间下的一个直接的事实，它是通过研究$SU(2)$与$SO(3)$之间的二到一同态性质来揭示的（见Sternberg，1994，§1.6）。

费曼给出了关于这种思想的另一种“扭曲”（见Feynman 和 Weinberg，1987，第56～59页）。他建议用一条带子拴住两个电子，并让它们交换位置。于是带子被扭曲，拓扑上看就是我们得到了一种单一的转动，每个电子相当于贡献了一半的转动。在这种情况下，我们预期描述两个电子的波函数会变号，这是费米子的基本性质。如果这种说法是对的，它似乎好得不像是真的，那么我们用$SU(2)$和一点点拓扑知识便得到了著名的“自旋”与“统计”之间的联系——不用相对论，也不用场论。即使这种想法得不出结论，这种将$SU(2)$对称性与费米统计联系起来的证明，是$SU(2)$的发明者做梦也想不到的。

---

1. 这个例子在彭罗斯的《通向实在之路》（中译本，2011年第1版第2次印刷，第146～147页）中有清楚的图示和叙述。对类似的拓扑变换感兴趣的读者可以读一读中国数学名家姜伯驹先生写的科普小书《绳圈的数学》（大连理工大学出版社，2011年第1版）。——译注

最显著的或许要算$SU(2)$和一般酉矩阵的进一步推广应用。这些应用使得酉矩阵的概念越来越远离其最初的应用——转动的表示。

我举两个例子：第一个是海森伯在1932年将$SU(2)$对称性应用于核物理。业已证明，中子和质子是同一种粒子（现今称为“核子”）的两种态，从数学上看，这两种粒子可以类比于电子的“自旋向上”和“自旋向下”的两个态。使中子变成质子然后再返回到中子态的“转动”（一种引起粒子的波函数变号的“转动”）不可能看成是物理空间中的转动。不过，核子的$SU(2)$对称性，即所谓“同位旋”，有经验的结果。这种类比的物理基础，如果存在的话，甚至在今天仍是未知的。

当我们转向高维酉矩阵后，群与转动的简单联系不再成立。例如，$SU(3)$（行列式为+1的3×3酉矩阵群）就不同态于群$SO(n)$。它与转动的联系只能通过类比于$SU(2)$。尽管这样，也许正因为如此，$SU(3)$可以描述夸克的三种状态，而核子正是由夸克构成的（因为核子具有整数电荷，而夸克具有分数电荷，这种差别阻碍了对它们的发现）。转动竟然只是更大的冰山的一角。

克莱因在他的演讲（1922，Lecture I）的开头给出了将推广 143 $SU(2)$二到一同态到转动群的另一种方式。如果我们放弃酉化的要求，只考虑行列式为1的2×2复数矩阵，我们便得到了现今称为$SL(2, C)$的矩阵群。克莱因证明了（这条定理的陈述见第626页），在$SL(2, C)$和二维流形上的变换群之间存在一种两到一的同态关系，而这种群被证明同构到正常洛仑兹群L°（具有正行列式并保前向“光锥”的洛伦兹变换群），当我们研究相对论性量子理论时，就会明白这种同态本身有着重大的物理意义。

我认为，“神奇的”复数（彭罗斯语）对转动的适用性及其到 $SU(2)$ 及其后的推广在数学史上非比寻常，它很好地说明了数学概念往往具有潜在信息的现象，这种信息可以用于数学的发展。更重要的是，大自然似乎利用这些数学上的可能性。

这里有三个要素：数学、自然和人的心灵。这三者中哪一个负责揭示“数学本质”的这种显著的丰富性呢？

致谢

我要感谢什洛莫·斯腾伯格（Shlomo Sternberg）的重要帮助和忠告。还要感谢什穆埃尔·埃利佐尔（Shmuel Elitzur）、希尔万·卡佩尔（Sylvain Cappell）和卡尔·普希（Carl Posy）在多年的教学过程中所给予的有价值的讨论。本项研究得到以色列科学基金会的支持，批准号251/06，我很感谢这种支持。

144 评马克·施泰纳的“我们从数学中得到的要比赋予它的多”

马库斯·杜·索托伊

得之多于予之的思想是我从事的这个领域最具吸引力的特点之一。我觉得这个比值在数学中可能比在任何其他学科中更大，这也是我为什么选择了数学而放弃了生物学的一个原因，也许还因为我的记忆很糟糕。一旦你进入这个领域，你只需要一些公理，其他的一切就会奔涌而出。生物和化学似乎总是需要你记住自然呈现的一些东西，这些东西有时似乎是很随意的。

数学家的艺术往往是挑选游戏规则，以便最大限度地放大这个比值。虽然施泰纳在游戏和数学之间做了区分，但我想他在看到以下这些事例后会同样感到满足：围棋“Go”的简单规则带来极其丰富的行棋局面；定义群的三条简单的公理可以带来大魔单群和作为物理学基础的李群。

这让我想起施泰纳的文章所提出的富于挑战性的论点：在抽象的、优美的数学世界与物质的、杂乱的物理学、化学和生物学世界之间存在非凡的协同作用。这也许有点奇怪：如果量子物理学关于世界被量化成离散的碎片的观点是正确的话，那么完美的圆形或直角三角形——数学最基本的对象——可能就没有任何物理实在性可言。我们轻松随意摆弄的无穷大在本质上很可能有限的宇宙中就没有具体的实现对象。但不管怎么说，我们心灵的这些对象到底是如何帮助我们预言混乱的宇宙的未来行为的，这颇令人惊奇。我们创建用来解三次方程的虚数难道与至关重要的描述量子世界的数是同一种数吗？

也许正像施泰纳在回应我的文章时所建议的那样，我们可以有一个拟人化的答案。我们选择我们乐于驾驭的数学。那么数学和带来最初兴奋的源头来自哪里呢？来自对物理世界的描述。埃及人要想知道金字塔的体积，他们需要知道究竟用了多少块砖石。但是要想计算其体积，那就需要发明一种方法，将砖石形状切割成无限多的小块，无限薄的片，这样他们可以重新排列这些石料，使问题变得容易些。于是积分的早期形式便由此产生了。

145

在实际层面上考虑切割真金字塔这种过程显然是荒谬的。但这样一种从数学世界到我们这个杂乱的真实世界的投射已经建立起来。由于数学世界是以试图描述和预言物理实在来开始其旅程的，因此我们以纯粹抽象的形式所创造的数学，以其固有的内在魅力，会经常发现，这种旅程启程之后自身便被投射到我们这个杂乱的宇宙创生问题中来了就一点也不意外了。

最后一点。有时数学能很好地说明为什么你不能从所投入的对象上得到更多，从实数扩展到复数再扩展到四元数到八元数，但数学家可以证明，这之后你得不到更多的数的种类。同样，李群E_6、E_7和E_8具有非常优美而强大的结构，但数学可以证明为什么这种结构会到此而止，不存在E_9。有时候你得到的要比你预料的少。但了解这一点有时像投入少回报多一样令人兴奋。特殊李群之所以特殊，正因为其独特的性质。不过，E_8能成为构成实在结构的基本粒子模型还是令人惊异的。大自然肯定有好的鉴赏力。

146

参考文献

Archimedes. *The Method*. In *Greek Mathematical Works*. Ⅱ : *From Aristarchus to Pappus*, ed. J. Heiberg and trans. I. Thomas, Loeb Classical Library, 362. Cambridge, MA: Harvard University Press (1993)pp. 221–223.

Arnauld, A. (1964). *The Art of Thinking: Port Royal Logic*, trans. J. Dickoff and P. James. Indianapolis, IL: Bobbs–Merrill.

Benacerraf, P. (1965). What numbers could not be. *Philosophical Review*, **74**.

Benacerraf, P. (1973). Mathematical truth. *Journal of Philosophy*, **70.**

Bohm, D. and Hiley, B. J. (1993). *The Undivided Universe*. London: Rout–ledge.

Bolzano, B. (1810). *Contributions to a Better–Grounded Presentation of Mathematics*. In *The Mathematical Works of Bernard Bolzano,* ed. and trans. S. Russ. Oxford: Oxford University Press (2004).

Borges, J. L. (1941). The Library of Babel (La Biblioteca de Babel). In *Labyrinths*. Harmondsworth: Penguin (1970).

Burgess, J. P. (1983). Why I am not a nominalist, *Notre Dame Journal of Formal Logic*, **24**: 1.

Burgess, J. and Rosen, G. (1997). *A Subject with no Object: Strategies for Nominalistic Interpretation of Mathematics*. Oxford: Oxford University Press.

Changeux, J.–P. and Connes, A. (1995). *Conversations on Mind, Matter and Mathematics,* ed. and trans. M. B. DeBevoise. Princeton, NJ: Princeton University Press.

Chung, F. and Sternberg, S. (1993). Mathematics and the buckyball. *American Scientist*, **81**: 56–71.

Chung, F., Kostant , B. , and Sternberg, S. (1994). Groups and the buckyball. In *Lie theory and Geometry: In Honor of Bertram Kostant*, ed. J.–L. Brylinski, R. Brylinski, V. Guillemin and V. Kac. Boston: Birkhäuser.

Cicero, M. T. *The Orations of Marcus Tullius Cicero*. 4 vols. London: G. Bell & Sons (1894–1903).

Coffa, A. (1986). From geometry to tolerance: sources of conventionalism in nineteenth–century geometry. In *From Quarks to Quasars: Philosophical Problems of Modern Physics*. University of Pittsburgh Series, 7. Pittsburgh, PA: Pittsburgh University Press , 3–70.

Cohen, P. J. (1966). *Set Theory and the Continuum Hypothesis*. New York: W. A. Benjamin, Inc.

–

Courant, R. and Robbins, H. (1947). *What is Mathematics? An Elementary Approach to Ideas and Methods*. Oxford: Oxford University Press (1981).

–

Curry, H. (1951). *Outlines of a Formalist Philosophy of Mathematics*. Amsterdam: North–Holland.

–

Dedekind, R. (1888). *Was sind und was sollen die Zahlen*. In *Gesammelte Mathematische Werke*, Ⅲ. Braunschweig: Friedrich Vieweg und Sohn.

–

Detlefsen, M. (2005) Formalism. In *The Oxford Handbook of Philosophy of Mathematics and Logic*, ed. S. Shapiro. Oxford: Oxford University Press, pp. 236–317.

–

Dorr, C. (2008). There are no abstract objects. In *Contemporary Debates in Metaphysics*, ed. T. Sider, J. Hawthorne and D. W. Zimmerman. Oxford: Wiley–Blackwell.

–

du Sautoy, M. (2008). *Finding Moonshine: A Mathematician's Journey Through Symmetry*. London: Harper Perennial (2009).

–

Dummett, M. (1978). *Truth and Other Enigmas*. Cambridge, MA: Harvard University Press.

–

Feynman, R. P. and Weinberg, S. (1987). *Elementary Particles and the Laws of Physics*. Cambridge: Cambridge University Press.

–

Field, H. (1980). *Science Without Numbers*. Princeton, NJ: Princeton University Press.

–

Field, H. (1984). Is mathematical knowledge just logical knowledge? Reprinted with a postscript in *Realism, Mathematics,and Modality*. Oxford: Blackwell (1989), pp. 79–124.

–

Field, H. (1991). Metalogic and modality. *Philosophical Studies*, **62**(1): 1–22.

–

Frege, G. (1884). *The Foundations of Arithmetic: A Logico–Mathematical Enquiry into the Concept of Number*, trans. J. L. Austin, 2nd edn., New York: Harper (1960); 2nd rev. edn., Evanston, IL: Northwestern University Press (1968).

–

Frege, G. (1893). *Grundgesetze der Arithmetik: begriffsschriftlich abgeleitet*, Vol. Ⅰ Hildesheim: G. Olms Verlag (1962).

–

Frege, G. (1903). *Grundgesetze der Arithmetik: begriffsschriftlich abgeleitet*, Vol. Ⅱ. Hildesheim: G. Olms Verlag (1962).

–

Gabriel, G. *et al.*, eds. (1980). Gottlob Frege: *Philosophical and Mathematical Correspondence*. Chicago: University of Chicago Press.

–

Gödel， K. (1947). What is Cantor ' s continuum problem? Revised and expanded version *in Kurt Gödel: Collected Works*, Vol. Ⅱ. Oxford: Oxford University Press (1990).

–

Gödel, K. (1951). Some basic theorems on the foundations of mathematics and their implications. *In Kurt Gödel: Collected Works*, Vol. Ⅲ. Oxford: Oxford University Press (1995).

–

Godstein, H. (1980). *Classical Mechanics*, 2nd edn. Reading, UK: Addison–Wesley.

Gregory, R. (1969). *Eye and Brain: The Psychology of Seeing.* New York: McGraw Hill.

–

Hadamard, J. (1954). *The Psychology of Invention in the Mathematical Field.* New York: Dover.

–

Hardy, G. H. (1940). *A Mathematician's Apology.* Cambridge: Cambridge University Press (1967).

–

Hartle, J. B. (2003). *Gravity: An Introduction to Einstein's General Relativity.* San Francisco: Addison–Wesley.

–

Hellman, G. (1989). *Mathematics Without Numbers.* Oxford: Oxford University Press.

–

Herschel, J. (1841). Review of Whewell ' s *History of the Inductive Sciences and Philosophy of the Inductive Sciences*. *Quarterly Review*, **68:** 177–238.

–

Heyting, A. (1931). The intuitionistic foundations of mathematics. In *Philosophy of Mathematics*, 2nd edn., ed. P. Benacerraf and H. Putnam. Cambridge: Cambridge University Press (1983), pp. 52–61.

–

Hibert, D. (1899). Die grundlagen der geometrie. In *Festschrift zur Feier der Enthullung des Gauss–Weber Denkmals in Göttingen.* Leipzig: Teubner.

–

Horgan, T. (1994). Transvaluationism: a Dionysian approach to vagueness. *The Southern Journal of Philosophy*, Supplement, **33**: 97–126.

–

Hutton, C. (1795–1796). *A Mathematical and Philosophical Dictionary.* 2 vols. London: J. Johnson, and G. G. and J. Robinson. Reprinted, Hildesheim and New York: G. Olms Verlag (1973)， and in 4 vols.， Bristol: Thoemmes Press (2000).

–

Kant, I. (1781). *Kritik der Reinen Vernunft,* ed. R. Schmidt. Hamburg: Felix Meiner Verlag (1990).

–

Kitcher, P. (1989). Explanatory unification and the causal structure of the world. In *Scientific Explanation*, ed. P. Kitcher and W. Salmon. Minneapolis, MI: University of Minnesota Press, pp. 410–505.

–

Klein, F. (1888). *Lectures on the Ikosahedron and the Solution of Equations of the Fifth Degree.* London: Trübner & Co.

–

Klein, F. (1922). The mathematical theory of the top (1896/97). In *Felix Klein Gesmmelte Mathematische Abhandlungen*, ed. R. Fricke and H. Vermeil. Berlin: Springer.

–

Kreisel, G. (1967). Informal rigour and completeness proofs. In *Problems in the Philosophy of Mathematics*, ed. I. Lakatos. Amsterdam: North–Holland, pp. 138 –186.

–

Laguerre, E. N. (1898). Sur le calcul des systemes linéaires. In *Oeuvres de Laguerre*, ed. C. Hermite, H. Poincaré and R. Eugene. Paris: Gauthier–Villars.

–

Lakatos, I. (1976). *Proofs and Refutations*, ed. J. Worrall and E. Zahar. Cambridge: Cambridge University Press.

–

Leibniz, G. W. F. *Die philosophischen Schriften von Gottfried Wilhelm Leibniz*, ed. C. J. Gerhardt and C. I. Gerhardt. Hildesheim: G. Olms Verlag (1978).

–

Leibniz, G. W. F. *Discourse on Metaphysics and Other Essays*, ed. D. Garber and R. Ariew. Indianapolis, IL: Hackett (1989).

–

Leibniz, G. W. F. (1764). *New Essays Concerning Human Understanding,* trans, A. G. Langley. Chicago: Open Court (1916).

–

Leibniz, G. W. F. (1683). Of Universal Analysis and Synthesis; or, of the Art of Discovery and of Judgement. In *Philosophical Writings [of] Leibniz*, ed. and trans. M. Morris and G. H. R. Parkinson. London: J. M. Dent and Sons (1973), pp. 10–17.

–

Leibniz, G. W. F. *Opera philosophica quae extant latina, gallica, germanica omnia*, ed. J. E. Erdmann. Aalen: Scientia (1959).

–

Leibniz, G. W. F. *Opuscules et fragments inédits de Leibniz*: *extraits des manuscrits de la bibliothèque royale de Hanover.* Paris (1903).

–

Leslie, J. (1809). *Elements of Geometry, Geometrical Analysis, and Plane Trigonometry: with an appendix, notes and illustrations*. Edinburgh: Brown and Crombie.

–

Leslie, J. (1821). *Geometrical Analysis, and Geometry of Curved Lines: being volume second of a course of mathematics*, *and designed as an introduction to the study of natural philosophy.* Edinburgh: W. & C. Tait, and London: Longman, Hurst, Rees, Orme, & Brown.

–

Lipton, P. (1991). *Inference to the Best Explanation*, 2nd edn. New York: Routledge Publishing Company (2004).

–

Maddy, P. (2007). *Second Philosophy: A Naturalistic Method.* Oxford: Oxford University Press.

–

Mates, B. (1986). *The Philosophy of Leibniz*: *Metaphysics and Language*. Oxford: Oxford University Press.

–

Nelson, E. (1986). *Predicative Arithmetic.* Princeton, NJ: Princeton University Press.

–

Penrose, R. (1989). *The Emperor's New Mind.* Oxford: Oxford University Press.

–

Penrose, R. (1994). *Shadows of the Mind: An Approach to the Missing Science of Consciousness.* Oxford: Oxford University Press.

–

Penrose, R. (1997). On understanding understanding. *International Studies in the Philosophy of Science*, **11**: 7–20.

–

Penrose, R, (2004). *The Road to Reality: A Complete Guide to the Laws of the Universe.* London: Jonathan Cape and New York: Alfred Knopf (2005).

–

Penrose, R. (2005). *The Road to Reality: A Complete Guide to the Laws of the Universe.* New York: Alfred Knopf.

–

Penrose, R. (2011). Gödel the mind, and the laws of physics. *In Kurt Gödel and the Foundations of Mathematics: Horizons of Truth*, ed. M. Baaz, C. H.Papadimitriou, D. S. Scott, H. Putnam and C. L. Harper, Jr. Cambridge: Cambridge University Press, forthcoming.

–

Playfair, J. (1778). On the arithmetic of impossible quantities. *Philosophical Transactions of the Royal Society of London*, **68**: 318–343.

–

Polkinghorne, J, C. (1996). *Beyond Science*. Cambridge: Cambridge University Press.

–

Polkinghorne, J. C. (1998). *Belief in God in an Age of Science*. New Haven, CT: Yale University Press.

–

Polkinghorne, J. C. (2005). *Exploring Reality*. London: SPCK and New Haven, CT: Yale University Press.

–

Proclus. *A Commentary on the First Book of Euclid's Elements*, trans. G. R. Morrow. Princeton, NJ: Princeton University Press (1970).

–

Putnam, H. (1967). Mathematics without foundations. *Journal of Philosophy*, **64.**

–

Putnam, H. (1975). What is mathematical truth? In *Mathematics, Matter and Method*, 2nd edn. Vol. 1 of *Philosophical Papers*. Cambridge: Cambridge University Press (1979), pp. 60–78.

–

Quine, W. V. (1960). *Word and Object*. Cambridge, MA: The MIT Press.

–

Resnik, M. (1980). *Frege and the Philosophy of Mathematics*. Ithaca, NY: Cornell University Press.

–

Resnik, M. (1997). *Mathematics as a Science of Patterns*. Oxford: Oxford University Press.

–

Rosen, G. (1994). Objectivity and modem idealism. In *Philosophy in Mind*, ed. J. O'Leary–Hawthorne and M. Michael. Dordrecht: Kluwer.

–

Rosen, G. (2006). Review of Jody Azzouni, deflating existential consequence. *Journal of Philosophy*, **103**: 6.

–

Rosen, G. (2010). Metaphysical dependence: reduction and grounding. *In Modality: Metaphysics, Logic and Epistemology*, ed. B. Hale and A. Hoffmann. Oxford: Oxford University Press.

–

Rosen, G. and Burgess, J. P. (2005). Nominalism reconsidered. In *Oxford Handbook of Philosophy of Mathematics and Logic*, ed. S. Shapiro. Oxford: Oxford University Press.

–

Russell, B. (1905). On denoting. *Mind*, **14**: 56.

–

Salmon, W. (1990). *Four Decades of Scientific Explanation*. Minneapolis, MI: University of Minnesota Press, and Pittsburgh, PA: Pittsburgh University Press (2006).

–

Schopenhauer, A. *Arthur Schopenhauer's Sämtliche Werke*, Vol. 2. Munich: R. Piper & Co.

Verlag (1911).
Schopenhauer, A. (1859). *The World as Will and Representation (Die Welt als Wille und Vortstellung)*. New York: Dover Publications (1966).

–

Shapiro, S. (1997). *Philosophy of Mathematics: Structure and Ontology*. Oxford: Oxford University Press.

–

Shapiro, S. (2000). The status of logic. In *New Essays on the A Priori*, ed. P. Boghossian and C. Peacocke, Oxford: Oxford University Press, pp. 333–366; reprinted (in part) as 'Quine on Logic', in *Logica Yearbook 1999*, ed. T. Childers, Prague: Czech Academy Publishing House, pp. 11–21.

–

Shapiro, S. (2007). The objectivity of mathematics. *Synthese*,**156**: 337–381.

–

Shapiro, S. (2007a). *Vagueness in Context*. Oxford: Oxford University Press.

–

Shapiro, S. (2009). We hold these truths to be self–evident: but what do we mean by that? *Review of Symbolic Logic*, **2**: 175–207.

–

Shapiro, S., ed. (2005). *The Oxford Handbook of Philosophy of Mathematics and Logic*. Oxford: Oxford University Press.

–

Steiner, M. (1978), Mathematical explanation and scientific knowledge. *Nous*, **12**: 17–28.

–

Steiner, M. (1980). Mathematical explanation. *Philosophical Studies*, **34**: 135–152.

–

Steiner, M. (1998). *The Applicability of Mathematics as a Philosophical Problem*. Cambridge, MA: Harvard Uiniversity Press.

–

Steiner, M. (2000). Penrose and Platonism. In *The Growth of Mathematical Knowledge*, ed. E. Grosholz and H. Breger. Dordrecht and Boston: Kluwer.Sternberg, S. (1994), *Group Theory and Physics*. Cambridge: Cambridge University Press.

–

Tait, P. G. (1866). Sir William Rowan Hamilton. *North British Review*, **14**: 37–74.

–

Waismann, F. (1979). *Ludwig Wittgenstein and the Vienna Circle*. London: Blackwell.

–

Waismann, F. (1982). *Lectures on the Philosophy of Mathematics*. Amsterdam: Rodopi.

–

Weyl, H. (1921). Über die neue grundlagenkrise der mathematik. *Mathematis–che Zeitschrift*, **10**: 39–79.

–

Wittgenstein, L. (1953). *Philosophical Investigations*, trans. G. E. M. Anscombe, 3rd edn. Oxford: Blackwell (2001).

–

Wittgenstein, L. (1956). *Remarks on the Foundations of Mathematics*, 3rd edn. Oxford: Blackwell (1978); rev. edn., ed. G. H. von Wright, R. Rhees and G. E. M. Anscombe, Cambridge, MA: The MIT Press (1967).

–

Woodward, J. (2009). Scientific explanation. *Stanford Internet Encyclopedia of Philosophy*, http://plato.stanford.edu/entries/scientific–explanation.
Wright, C. (1992). *Truth and Objectivity*. Cambridge, MA: Harvard University Press.

名词索引

所注页码均为原书页码（即本书中边码），斜体页码表示该词出现于图注。

B

C

G

I

J

K

L

M

N

T

U

V

W

图书在版编目（CIP）数据

数学的意义 / （英）约翰·查尔顿·波金霍尔主编；王文浩译．— 长沙：湖南科学技术出版社，2018.1（2024.11 重印）
（第一推动丛书．综合系列）
ISBN 978-7-5357-9435-2
Ⅰ．①数… Ⅱ．①约… ②王… Ⅲ．①数学—普及读物 Ⅳ．① O1-49
中国版本图书馆 CIP 数据核字（2017）第 210769 号

Meaning in the Mathematics

SHUXUE DE YIYI
数学的意义

著者
[英] 约翰·查尔顿·波金霍尔
译者
王文浩
出版人
潘晓山
责任编辑
吴炜 孙桂均 杨波
装帧设计
邵年 李叶 李星霖 赵宛青
出版发行
湖南科学技术出版社
社址
长沙市芙蓉中路一段 416 号
泊富国际金融中心
http://www.hnstp.com
湖南科学技术出版社
天猫旗舰店网址
http://hnkjcbs.tmall.com
邮购联系
本社直销科 0731-84375808

印刷
长沙市宏发印刷有限公司
厂址
长沙市开福区捞刀河大星村343号
邮编
410153
版次
2018 年 1 月第 1 版
印次
2024 年 11 月第 10 次印刷
开本
880mm × 1230mm 1/32
印张
8
字数
164000
书号
ISBN 978-7-5357-9435-2
定价
39.00 元